計算 せんもんドリル

4年

JN132636

4年　　組

特色と使い方

● このドリルは、計算力を付けるための計算問題をせんもんにあつかったドリルです。

● 教科書ぴったりトレーニングに、このドリルの何ページをすればよいのかが書いてあります。教科書ぴったりトレーニングにあわせてお使いください。

教科書ぴったりトレーニングのここを見てね

もくじ

おうちのかたへ

・お子さまがお使いの教科書や学校の学習状況により、ドリルのページが前後したり、学習されていない問題が含まれている場合がございます。お子さまの学習状況に応じてお使いください。

・お子さまがお使いの教科書により、教科書ぴったりトレーニングと対応していないページがある場合がございますが、お子さまの興味・関心に応じてお使いください。

1 答えが何十・何百になる わり算

1 次の計算をしましょう。

① $40 \div 2$

② $50 \div 5$

③ $160 \div 2$

④ $150 \div 3$

⑤ $720 \div 8$

⑥ $180 \div 6$

⑦ $490 \div 7$

⑧ $240 \div 4$

⑨ $540 \div 9$

⑩ $350 \div 7$

2 次の計算をしましょう。

① $900 \div 3$

② $400 \div 4$

③ $3600 \div 9$

④ $4500 \div 5$

⑤ $4200 \div 6$

⑥ $2400 \div 3$

⑦ $1800 \div 2$

⑧ $2800 \div 7$

⑨ $6300 \div 9$

⑩ $4800 \div 8$

2 1けたでわるわり算の 筆算①

1 次の計算をしましょう。

月　　日

① 5)65

② 3)69

③ 4)43

④ 2)358

⑤ 4)675

⑥ 4)835

⑦ 5)345

⑧ 9)739

2 次の計算を筆算でしましょう。

月　　日

① 74÷6

② 856÷7

ダメ!! ✗

$$\begin{array}{r} 11 \\ 6\overline{)74} \\ \underline{6} \\ 14 \\ \underline{6} \\ 8 \end{array}$$

3 1けたでわるわり算の筆算②

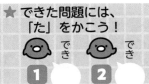
1 次の計算をしましょう。

月　　日

① 8⟌96

② 2⟌86

③ 3⟌62

④ 5⟌645

⑤ 2⟌264

⑥ 7⟌763

⑦ 9⟌252

⑧ 7⟌480

2 次の計算を筆算でしましょう。

月　　日

① 73÷4

② 749÷6

4 1けたでわるわり算の 筆算③

1 次の計算をしましょう。

月　　日

① 3)87　　② 3)93　　③ 4)82　　④ 8)984

⑤ 6)650　　⑥ 8)146　　⑦ 3)276　　⑧ 8)246

2 次の計算を筆算でしましょう。

月　　日

① 94÷5　　② 918÷9

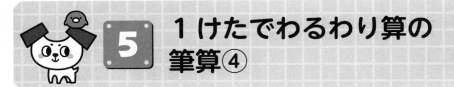
5 1けたでわるわり算の筆算④

1 次の計算をしましょう。

月　　日

① 2)92

② 3)60

③ 5)59

④ 9)917

⑤ 4)372

⑥ 9)589

⑦ 4)128

⑧ 3)248

2 次の計算を筆算でしましょう。

月　　日

① 83÷3

② 207÷3

1 次の計算をしましょう。

月　　日

① 7)84　　② 4)80　　③ 3)98　　④ 5)695

⑤ 2)618　　⑥ 6)297　　⑦ 8)328　　⑧ 4)123

2 次の計算を筆算でしましょう。

月　　日

① 99÷8　　② 693÷7

7 わり算の暗算

1 次の計算をしましょう。

① $48 \div 4$

② $62 \div 2$

③ $99 \div 9$

④ $36 \div 3$

⑤ $72 \div 4$

⑥ $96 \div 8$

⑦ $95 \div 5$

⑧ $84 \div 6$

⑨ $70 \div 2$

⑩ $60 \div 5$

2 次の計算をしましょう。

① $28 \div 2$

② $77 \div 7$

③ $63 \div 3$

④ $84 \div 2$

⑤ $72 \div 6$

⑥ $92 \div 4$

⑦ $42 \div 3$

⑧ $84 \div 7$

⑨ $60 \div 4$

⑩ $80 \div 5$

1 次の計算をしましょう。

月 日

①
```
   248
×  312
```

②
```
   156
×  463
```

③
```
   618
×  524
```

④
```
   587
×  615
```

⑤
```
   802
×  737
```

⑥
```
    28
×  319
```

⑦
```
   754
×  205
```

⑧
```
   530
×  407
```

2 次の計算を筆算でしましょう。

月 日

① 245×256

② 609×705

9 3けたの数をかける 筆算②

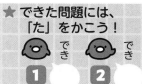
1 次の計算をしましょう。

①
```
   153
 × 649
```

②
```
   483
 × 212
```

③
```
   862
 × 257
```

④
```
   937
 × 846
```

⑤
```
   430
 × 129
```

⑥
```
    35
 × 356
```

⑦
```
   435
 × 703
```

⑧
```
   403
 × 705
```

2 次の計算を筆算でしましょう。

① 49×241

② 841×607

1 次の計算をしましょう。

月　　日

①
```
  1.4 8
+2.5 1
```

②
```
  6.2 9
+1.9 2
```

③
```
  7.4 6
+4.5 9
```

④
```
  5.9 3
+8.2 8
```

⑤
```
  4.3 5
+0.9 6
```

⑥
```
  8
+2.4 6
```

⑦
```
  7.6
+0.4 3
```

⑧
```
  5.1 8
+1.7 2
```

⑨
```
  5.6 2
+1.3 8
```

⑩
```
  1.7 3 2
+5.8
```

2 次の計算を筆算でしましょう。

月　　日

① 1.89＋0.4

② 9.24＋3

③ 0.309＋0.891

④ 13.79＋0.072

ダメ!! ✗
```
  1 3.7 9
+0.0 7 2
  1 4.5 1
```

11 小数のたし算の筆算②

1 次の計算をしましょう。

月　　日

① 　 5.4 9
　 ＋1.3 5

② 　 3.0 9
　 ＋6.8 5

③ 　 7.6 1
　 ＋5.1 8

④ 　 9.1 9
　 ＋8.7 3

⑤ 　 0.7 2
　 ＋3.5 9

⑥ 　 4.4 4
　 ＋2.9

⑦ 　 5.4
　 ＋0.6 1

⑧ 　 2.4 6
　 ＋6.1 4

⑨ 　 3.4 2
　 ＋3.5 8

⑩ 　 5.6 0 3
　 ＋7.1 4 8

2 次の計算を筆算でしましょう。

月　　日

① 0.8＋3.72

② 4.25＋4

③ 8.051＋0.949

④ 1.583＋0.76

12 小数のひき算の筆算①

1 次の計算をしましょう。

月　　日

①
```
  8.9 4
 -1.2 3
```

②
```
  9.7 5
 -3.0 6
```

③
```
  8.3 7
 -4.5 9
```

④
```
  8.0 5
 -0.7 8
```

⑤
```
  8.0 3
 -7.1 5
```

⑥
```
  2.4 8
 -2.3 9
```

⑦
```
  4.5 1
 -1.7
```

⑧
```
  6
 -3.2 8
```

⑨
```
  0.3 8 9
 -0.2 9 1
```

⑩
```
  4
 -0.0 2 8
```

2 次の計算を筆算でしましょう。

月　　日

① 1−0.81

② 3.67−0.6

③ 0.855−0.72

④ 4.23−0.125

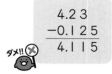

```
  4.2 3
 -0.1 2 5
  4.1 1 5
```
ダメ!!

13 小数のひき算の筆算②

1 次の計算をしましょう。

月　　日

①　　6.05
　　−4.04

②　　7.65
　　−5.58

③　　5.16
　　−2.39

④　　2.05
　　−0.19

⑤　　9.45
　　−8.57

⑥　　4.85
　　−4.07

⑦　　9.78
　　−2.8

⑧　　　1
　　−0.54

⑨　　3.512
　　−1.403

⑩　　　3
　　−2.087

2 次の計算を筆算でしましょう。

月　　日

① 1−0.18

② 2.91−0.9

③ 4.052−0.93

④ 0.98−0.801

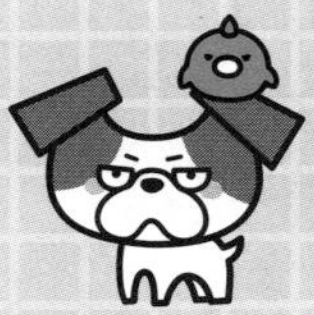

14 何十でわるわり算

★できた問題には、「た」をかこう！

1 でき　2 でき

1 次の計算をしましょう。　　月　　日

① 60÷30　　② 80÷20

③ 40÷20　　④ 90÷30

⑤ 180÷60　　⑥ 280÷70

⑦ 400÷50　　⑧ 360÷40

⑨ 720÷90　　⑩ 540÷60

2 次の計算をしましょう。　　月　　日

① 90÷20　　② 90÷50

③ 50÷40　　④ 80÷30

⑤ 400÷60　　⑥ 620÷70

⑦ 890÷90　　⑧ 210÷80

⑨ 200÷70　　⑩ 520÷80

1 次の計算をしましょう。

月　日

① $32\overline{)96}$　② $25\overline{)78}$　③ $26\overline{)104}$　④ $27\overline{)251}$

⑤ $64\overline{)896}$　⑥ $36\overline{)794}$　⑦ $31\overline{)941}$　⑧ $56\overline{)9352}$

2 次の計算を筆算でしましょう。

月　日

① $139 \div 34$　② $980 \div 49$

$$34\overline{)139}$$ 商 3、102、あまり 37

★ できた問題には、
「た」をかこう！

でき 1 ○
でき 2 ○

1 次の計算をしましょう。

月　　日

① 16)96　　② 23)74　　③ 45)315　　④ 56)435

⑤ 12)444　　⑥ 19)843　　⑦ 29)874　　⑧ 42)9139

2 次の計算を筆算でしましょう。

月　　日

①　310÷44　　　　②　840÷14

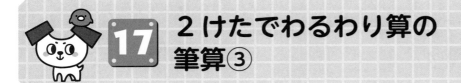

1 次の計算をしましょう。

月　　日

① 22)88

② 15)98

③ 39)312

④ 45)179

⑤ 27)972

⑥ 26)815

⑦ 23)926

⑧ 67)4499

2 次の計算を筆算でしましょう。

月　　日

① 460÷91

② 720÷18

18 2けたでわるわり算の筆算④

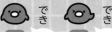

でき 1 ◯　でき 2 ◯

1 次の計算をしましょう。

月　　日

① 　24〉96

② 　13〉49

③ 　76〉608

④ 　54〉442

⑤ 　49〉539

⑥ 　17〉725

⑦ 　45〉943

⑧ 　43〉9455

2 次の計算を筆算でしましょう。

月　　日

① 　200÷65

② 　960÷12

19 3けたでわるわり算の筆算

1 次の計算をしましょう。

月　　日

① 256)768

② 195)780

③ 308)924

④ 163)982

⑤ 429)893

⑥ 283)970

2 次の計算を筆算でしましょう。

月　　日

① 927÷309

② 931÷137

1 次の計算をしましょう。

| 月 | 日 |

① 30＋5×3

② 56－63÷9

③ 72÷8＋35÷7

④ 48÷6－54÷9

⑤ 32÷4＋3×5

⑥ 81÷9－3×3

⑦ 59－(96－57)

⑧ (25＋24)÷7

2 次の計算をしましょう。

| 月 | 日 |

① 36÷4－1×2

② 36÷(4－1)×2

③ (36÷4－1)×2

④ 36÷(4－1×2)

21 式とその計算の順じょ②

1 次の計算をしましょう。　　　　　　　　　月　　　日

① 64−5×7

② 42+9÷3

③ 2×8+4×3

④ 4×9−6×2

⑤ 3×6+12÷4

⑥ 8×7−36÷4

⑦ 81−(17+25)

⑧ (62−53)×8

2 次の計算をしましょう。　　　　　　　　　月　　　日

① 4×6+21÷3

② 4×(6+21)÷3

③ (4×6+21)÷3

④ 4×(6+21÷3)

22 小数×整数 の筆算①

 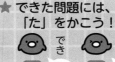

1 次の計算をしましょう。

月　　日

① 3.2
　×　3

② 4.5
　×　7

③ 2.1
　×32

④ 5.4
　×61

⑤ 3.9
　×32

⑥ 0.7
　×18

⑦ 4.8
　×15

⑧ 5.9
　×70

2 次の計算をしましょう。

月　　日

① 0.62
　×　7

② 1.37
　×　5

③ 0.31
　×　49

④ 0.62
　×　82

⑤ 1.98
　×　54

⑥ 2.54
　×　93

⑦ 0.84
　×　35

⑧ 2.18
　×　50

23 小数×整数 の筆算②

1 次の計算をしましょう。

月　　日

① 　1.4
　×　4

② 　3.6
　×　9

③ 　2.2
　×14

④ 　4.9
　×73

⑤ 　3.8
　×62

⑥ 　15.2
　×　43

⑦ 　5.5
　×32

⑧ 　6.3
　×60

2 次の計算をしましょう。

月　　日

① 　3.27
　×　4

② 　0.46
　×　2

③ 　0.37
　×　49

④ 　0.35
　×　75

⑤ 　9.13
　×　68

⑥ 　6.12
　×　47

⑦ 　0.75
　×　12

⑧ 　5.38
　×　30

24 小数×整数 の筆算③

1 次の計算をしましょう。

月　　日

①
$$\begin{array}{r} 2.6 \\ \times \quad 3 \\ \hline \end{array}$$

②
$$\begin{array}{r} 15.7 \\ \times \quad 8 \\ \hline \end{array}$$

③
$$\begin{array}{r} 1.1 \\ \times 69 \\ \hline \end{array}$$

④
$$\begin{array}{r} 5.7 \\ \times 25 \\ \hline \end{array}$$

⑤
$$\begin{array}{r} 8.5 \\ \times 17 \\ \hline \end{array}$$

⑥
$$\begin{array}{r} 10.6 \\ \times \quad 34 \\ \hline \end{array}$$

⑦
$$\begin{array}{r} 6.5 \\ \times 92 \\ \hline \end{array}$$

⑧
$$\begin{array}{r} 27.6 \\ \times \quad 40 \\ \hline \end{array}$$

2 次の計算をしましょう。

月　　日

①
$$\begin{array}{r} 2.91 \\ \times \quad 6 \\ \hline \end{array}$$

②
$$\begin{array}{r} 0.26 \\ \times \quad 3 \\ \hline \end{array}$$

③
$$\begin{array}{r} 0.13 \\ \times \quad 39 \\ \hline \end{array}$$

④
$$\begin{array}{r} 0.48 \\ \times \quad 76 \\ \hline \end{array}$$

⑤
$$\begin{array}{r} 1.72 \\ \times \quad 51 \\ \hline \end{array}$$

⑥
$$\begin{array}{r} 6.35 \\ \times \quad 25 \\ \hline \end{array}$$

⑦
$$\begin{array}{r} 0.15 \\ \times \quad 24 \\ \hline \end{array}$$

⑧
$$\begin{array}{r} 3.46 \\ \times \quad 60 \\ \hline \end{array}$$

1 次の計算をしましょう。

月　　日

①　　4.8
　　×　2

②　　2.5
　　×　6

③　　1.2
　　×43

④　　6.7
　　×15

⑤　　7.4
　　×58

⑥　　0.4
　　×66

⑦　　8.2
　　×75

⑧　　7.4
　　×20

2 次の計算をしましょう。

月　　日

①　0.87
　×　9

②　3.05
　×　7

③　0.56
　×　52

④　0.71
　×　19

⑤　5.83
　×　16

⑥　2.53
　×　72

⑦　0.26
　×　35

⑧　2.55
　×　90

26 小数×整数 の筆算⑤

★ できた問題には、
「た」をかこう！
でき 1 ○　でき 2 ○

1 次の計算をしましょう。

月　　日

①　　9.4
　×　　3

②　1 2.8
　×　　4

③　　3.4
　×2 1

④　　9.1
　×1 2

⑤　　8.6
　×4 3

⑥　1 7.6
　×　2 7

⑦　　9.5
　×5 8

⑧　1 3.7
　×　8 0

2 次の計算をしましょう。

月　　日

①　0.5 9
　×　　7

②　5.7 6
　×　　5

③　0.7 6
　×　4 1

④　0.4 7
　×　8 5

⑤　1.4 3
　×　6 7

⑥　4.1 8
　×　7 8

⑦　0.2 5
　×　4 4

⑧　5.6 2
　×　5 0

27 小数 ÷ 整数 の筆算①

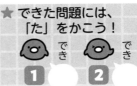
1 次の計算をしましょう。

月　　日

① 4) 4.8

② 2) 15.8

③ 5) 3.75

④ 3) 0.87

⑤ 12) 73.2

⑥ 36) 7.2

⑦ 73) 65.7

⑧ 28) 0.56

2 商を一の位まで求め、あまりも出しましょう。

月　　日

① 3) 73.2

② 4) 23.6

③ 26) 88.4

28 小数÷整数 の筆算②

★ できた問題には、
「た」をかこう！

1 でき ◯　2 でき ◯

---

1 次の計算をしましょう。

| 月 | 日 |

① 4) 6.8

② 3) 2 9.7

③ 5) 0.6 5

④ 9) 0.4 5 9

⑤ 3 5) 8 0.5

⑥ 1 7) 6.8

⑦ 9 5) 2 8.5

⑧ 2 8) 1.6 8

---

2 商を一の位まで求め、あまりも出しましょう。

| 月 | 日 |

① 2) 2 5.6

② 5) 4 6.5

③ 4 1) 8 4.3

29 小数÷整数 の筆算③

★ できた問題には、
「た」をかこう！

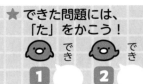

1 次の計算をしましょう。

| 月 | 日 |

① 3) 9.6

② 9) 60.3

③ 7) 4.34

④ 2) 0.72

⑤ 17) 37.4

⑥ 15) 4.5

⑦ 73) 58.4

⑧ 32) 0.96

2 商を一の位まで求め、あまりも出しましょう。

| 月 | 日 |

① 4) 91.1

② 5) 16.5

③ 56) 95.2

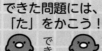
1 次の計算をしましょう。

月　日

① 7) 9.1

② 8) 2 1.6

③ 3) 2.6 7

④ 6) 0.3 4 2

⑤ 4 8) 6 2.4

⑥ 2 3) 9.2

⑦ 8 7) 5 2.2

⑧ 8 4) 5.0 4

2 商を一の位まで求め、あまりも出しましょう。

月　日

① 6) 6 7.2

② 9) 4 7.7

③ 3 5) 7 6.4

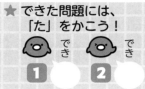

1 次のわり算を、わり切れるまで計算しましょう。

月　日

① 5) 3.8

② 8) 6 0

③ 5 2) 8 0.6

2 次のわり算を、わり切れるまで計算しましょう。

月　日

① 4) 2.3

② 3 6) 2.7

③ 4 0) 1 5

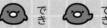
1 次のわり算を、わり切れるまで計算しましょう。
月　日

①
```
   8 ) 3.6
```

②
```
   6 ) 4 5
```

③
```
  7 8 ) 9 7.5
```

2 次のわり算を、わり切れるまで計算しましょう。
月　日

①
```
   4 ) 3.5
```

②
```
  7 5 ) 8 9.4
```

③
```
  8 4 ) 2 1
```

1 商を四捨五入して、$\frac{1}{10}$ の位までのがい数で
表しましょう。

① 7) 15

② 6) 19.6

③ 31) 169

2 商を四捨五入して、$\frac{1}{100}$ の位までのがい数で
表しましょう。

① 7) 50

② 3) 5.03

③ 15) 56.3

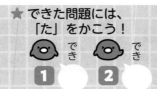

★ できた問題には、
「た」をかこう！

1 商を四捨五入して、上から１けたのがい数で
表しましょう。

① 7) 8

② 6) 4 6.1

③ 28) 96

2 商を四捨五入して、上から２けたのがい数で
表しましょう。

① 7) 1 6

② 9) 2 5.8

③ 3 1) 8 0

1 次の計算をしましょう。

① $\dfrac{4}{5} + \dfrac{2}{5}$

② $\dfrac{2}{4} + \dfrac{3}{4}$

③ $\dfrac{5}{7} + \dfrac{3}{7}$

④ $\dfrac{3}{5} + \dfrac{4}{5}$

⑤ $\dfrac{6}{9} + \dfrac{8}{9}$

⑥ $\dfrac{5}{3} + \dfrac{2}{3}$

⑦ $\dfrac{9}{5} + \dfrac{2}{5}$

⑧ $\dfrac{9}{8} + \dfrac{9}{8}$

⑨ $\dfrac{5}{6} + \dfrac{7}{6}$

⑩ $\dfrac{8}{5} + \dfrac{7}{5}$

2 次の計算をしましょう。

① $\dfrac{5}{6} + \dfrac{2}{6}$

② $\dfrac{2}{7} + \dfrac{6}{7}$

③ $\dfrac{4}{9} + \dfrac{7}{9}$

④ $\dfrac{6}{8} + \dfrac{7}{8}$

⑤ $\dfrac{3}{4} + \dfrac{3}{4}$

⑥ $\dfrac{6}{5} + \dfrac{7}{5}$

⑦ $\dfrac{7}{4} + \dfrac{6}{4}$

⑧ $\dfrac{4}{3} + \dfrac{7}{3}$

⑨ $\dfrac{9}{8} + \dfrac{7}{8}$

⑩ $\dfrac{3}{2} + \dfrac{7}{2}$

1 次の計算をしましょう。

月　　日

① $\dfrac{4}{3} - \dfrac{2}{3}$

② $\dfrac{7}{6} - \dfrac{5}{6}$

③ $\dfrac{5}{4} - \dfrac{3}{4}$

④ $\dfrac{12}{9} - \dfrac{8}{9}$

⑤ $\dfrac{9}{4} - \dfrac{3}{4}$

⑥ $\dfrac{7}{5} - \dfrac{1}{5}$

⑦ $\dfrac{9}{6} - \dfrac{2}{6}$

⑧ $\dfrac{18}{7} - \dfrac{2}{7}$

⑨ $\dfrac{10}{7} - \dfrac{3}{7}$

⑩ $\dfrac{9}{8} - \dfrac{1}{8}$

2 次の計算をしましょう。

月　　日

① $\dfrac{12}{8} - \dfrac{9}{8}$

② $\dfrac{11}{9} - \dfrac{10}{9}$

③ $\dfrac{7}{4} - \dfrac{5}{4}$

④ $\dfrac{5}{3} - \dfrac{4}{3}$

⑤ $\dfrac{8}{3} - \dfrac{4}{3}$

⑥ $\dfrac{19}{7} - \dfrac{8}{7}$

⑦ $\dfrac{13}{5} - \dfrac{6}{5}$

⑧ $\dfrac{13}{4} - \dfrac{7}{4}$

⑨ $\dfrac{14}{6} - \dfrac{8}{6}$

⑩ $\dfrac{15}{4} - \dfrac{7}{4}$

37 帯分数のたし算①

1 次の計算をしましょう。　　　　　　　　　月　　日

① $1\dfrac{2}{6} + \dfrac{1}{6}$

② $\dfrac{3}{5} + 1\dfrac{1}{5}$

③ $4\dfrac{3}{9} + \dfrac{8}{9}$

④ $2\dfrac{5}{8} + \dfrac{4}{8}$

⑤ $\dfrac{2}{8} + 3\dfrac{7}{8}$

⑥ $\dfrac{2}{4} + 1\dfrac{3}{4}$

2 次の計算をしましょう。　　　　　　　　　月　　日

① $3\dfrac{2}{5} + 2\dfrac{2}{5}$

② $5\dfrac{1}{3} + 1\dfrac{1}{3}$

③ $2\dfrac{3}{7} + 3\dfrac{6}{7}$

④ $5 + 2\dfrac{1}{4}$

⑤ $2\dfrac{5}{9} + \dfrac{4}{9}$

⑥ $\dfrac{8}{10} + 1\dfrac{2}{10}$

38 帯分数のたし算②

1 次の計算をしましょう。　　　　　　　　　　月　　日

① $4\dfrac{3}{6} + \dfrac{2}{6}$

② $\dfrac{2}{9} + 8\dfrac{4}{9}$

③ $1\dfrac{7}{10} + \dfrac{9}{10}$

④ $2\dfrac{7}{9} + \dfrac{5}{9}$

⑤ $\dfrac{2}{3} + 1\dfrac{2}{3}$

⑥ $\dfrac{3}{4} + 3\dfrac{3}{4}$

2 次の計算をしましょう。　　　　　　　　　　月　　日

① $1\dfrac{3}{8} + 2\dfrac{4}{8}$

② $2\dfrac{2}{4} + 5\dfrac{1}{4}$

③ $4\dfrac{2}{5} + 3\dfrac{4}{5}$

④ $3\dfrac{1}{8} + 1\dfrac{7}{8}$

⑤ $5\dfrac{4}{7} + \dfrac{3}{7}$

⑥ $\dfrac{2}{6} + 3\dfrac{4}{6}$

39 帯分数のひき算①

1 次の計算をしましょう。

月　　日

① $2\dfrac{4}{5} - 1\dfrac{2}{5}$

② $3\dfrac{5}{7} - 1\dfrac{3}{7}$

③ $2\dfrac{5}{6} - \dfrac{1}{6}$

④ $4\dfrac{7}{9} - \dfrac{2}{9}$

⑤ $4\dfrac{3}{5} - 2$

⑥ $5\dfrac{8}{9} - \dfrac{8}{9}$

2 次の計算をしましょう。

月　　日

① $3\dfrac{2}{9} - 2\dfrac{4}{9}$

② $4\dfrac{1}{7} - 2\dfrac{6}{7}$

③ $1\dfrac{1}{3} - \dfrac{2}{3}$

④ $1\dfrac{2}{4} - \dfrac{3}{4}$

⑤ $2\dfrac{3}{8} - \dfrac{7}{8}$

⑥ $2 - \dfrac{3}{5}$

40 帯分数のひき算②

1 次の計算をしましょう。

① $4\dfrac{6}{7} - 2\dfrac{3}{7}$

② $6\dfrac{8}{9} - 3\dfrac{5}{9}$

③ $1\dfrac{2}{3} - \dfrac{1}{3}$

④ $1\dfrac{3}{8} - \dfrac{1}{8}$

⑤ $2\dfrac{2}{6} - 1$

⑥ $3\dfrac{4}{5} - 2\dfrac{4}{5}$

2 次の計算をしましょう。

① $3\dfrac{3}{6} - 2\dfrac{5}{6}$

② $5\dfrac{2}{7} - 2\dfrac{4}{7}$

③ $1\dfrac{7}{10} - \dfrac{9}{10}$

④ $3\dfrac{4}{6} - \dfrac{5}{6}$

⑤ $2\dfrac{1}{4} - \dfrac{2}{4}$

⑥ $2 - 1\dfrac{1}{4}$

1 答えが何十・何百になるわり算

1 ①20　②10
③80　④50
⑤90　⑥30
⑦70　⑧60
⑨60　⑩50

2 ①300　②100
③400　④900
⑤700　⑥800
⑦900　⑧400
⑨700　⑩600

2 1けたでわるわり算の筆算①

1 ①13　②23
③10 あまり 3　④179
⑤168 あまり 3　⑥208 あまり 3
⑦69　⑧82 あまり 1

2 ①
```
      12
  6)74
    6
   14
   12
    2
```
②
```
     122
  7)856
    7
   15
   14
    16
    14
     2
```

3 1けたでわるわり算の筆算②

1 ①12　②43
③20 あまり 2　④129
⑤132　⑥109
⑦28　⑧68 あまり 4

2 ①
```
     18
  4)73
    4
   33
   32
    1
```
②
```
     124
  6)749
    6
   14
   12
    29
    24
     5
```

4 1けたでわるわり算の筆算③

1 ①29　②31
③20 あまり 2　④123
⑤108 あまり 2　⑥18 あまり 2
⑦92　⑧30 あまり 6

2 ①
```
     18
  5)94
    5
   44
   40
    4
```
②
```
     102
  9)918
    9
    18
    18
     0
```

5 1けたでわるわり算の筆算④

1 ①46　②20
③11 あまり 4　④101 あまり 8
⑤93　⑥65 あまり 4
⑦32　⑧82 あまり 2

2 ①
```
      27
  3)83
    6
   23
   21
    2
```
②
```
     69
  3)207
    18
    27
    27
     0
```

6 1けたでわるわり算の筆算⑤

1 ①12　②20
③32 あまり 2　④139
⑤309　⑥49 あまり 3
⑦41　⑧30 あまり 3

2 ①
```
     12
  8)99
    8
   19
   16
    3
```
②
```
     99
  7)693
    63
    63
    63
     0
```

7 わり算の暗算

1 ①12　②31
③11　④12
⑤18　⑥12
⑦19　⑧14
⑨35　⑩12

2 ①14　②11
③21　④42
⑤12　⑥23
⑦14　⑧12
⑨15　⑩16

8　3けたの数をかける筆算①

1 ①77376　②72228
③323832　④361005
⑤591074　⑥8932
⑦154570　⑧215710

2 ①
```
      245
    ×256
    1470
    1225
    490
   62720
```
②
```
      609
    ×705
    3045
   4263
   429345
```

9　3けたの数をかける筆算②

1 ①99297　②102396
③221534　④792702
⑤55470　⑥12460
⑦305805　⑧284115

2 ①
```
       49
     ×241
       49
     196
    98
   11809
```
②
```
      841
    ×607
    5887
   5046
   510487
```

10　小数のたし算の筆算①

1 ①3.99　②8.21　③12.05　④14.21
⑤5.31　⑥10.46　⑦8.03　⑧6.9
⑦7　⑩7.532

2 ①
```
    1.89
  +0.4
    2.29
```
②
```
    9.24
  +3
   12.24
```
③
```
    0.309
  +0.891
    1.200
```
④
```
    13.79
  +  0.072
    13.862
```

11　小数のたし算の筆算②

1 ①6.84　②9.94　③12.79　④17.92
⑤4.31　⑥7.34　⑦6.01　⑧8.6
⑦7　⑩12.751

2

①
```
    0.8
  +3.72
    4.52
```
②
```
    4.25
  +4
    8.25
```
③
```
    8.051
  +0.949
    9.000
```
④
```
    1.583
  +0.76
    2.343
```

12　小数のひき算の筆算①

1 ①7.71　②6.69　③3.78　④7.27
⑤0.88　⑥0.09　⑦2.81　⑧2.72
⑨0.098　⑩3.972

2 ①
```
    1
  -0.81
    0.19
```
②
```
    3.67
  -0.6
    3.07
```
③
```
    0.855
  -0.72
    0.135
```
④
```
    4.23
  -0.125
    4.105
```

13　小数のひき算の筆算②

1 ①2.01　②2.07　③2.77　④1.86
⑤0.88　⑥0.78　⑦6.98　⑧0.46
⑨2.109　⑩0.913

2 ①
```
    1
  -0.18
    0.82
```
②
```
    2.91
  -0.9
    2.01
```
③
```
    4.052
  -0.93
    3.122
```
④
```
    0.98
  -0.801
    0.179
```

14　何十でわるわり算

1 ①2　②4
③2　④3
⑤3　⑥4
⑦8　⑧9
⑨8　⑩9

2 ①4あまり10　②1あまり40
③1あまり10　④2あまり20
⑤6あまり40　⑥8あまり60
⑦9あまり80　⑧2あまり50
⑨2あまり60　⑩6あまり40

15　2けたでわるわり算の筆算①

1 ①3　②3あまり3
③4　④9あまり8
⑤14　⑥22あまり2
⑦30あまり11　⑧167

2 ①
```
        4
34)139
   136
     3
```
②
```
       20
49)980
   98
    0
```

16　2けたでわるわり算の筆算②

1 ①6　②3あまり5
③7　④7あまり43
⑤37　⑥44あまり7
⑦30あまり4　⑧217あまり25

2 ①
```
        7
44)310
   308
     2
```
②
```
       60
14)840
   84
    0
```

17　2けたでわるわり算の筆算③

1 ①4　②6あまり8
③8　④3あまり44
⑤36　⑥31あまり9
⑦40あまり6　⑧67あまり10

2 ①
```
        5
91)460
   455
     5
```
②
```
       40
18)720
   72
    0
```

18　2けたでわるわり算の筆算④

1 ①4　②3あまり10
③8　④8あまり10
⑤11　⑥42あまり11
⑦20あまり43　⑧219あまり38

2 ①
```
        3
65)200
   195
     5
```
②
```
       80
12)960
   96
    0
```

19　3けたでわるわり算の筆算

1 ①3　②4　③3
④6あまり4　⑤2あまり35　⑥3あまり121

2 ①
```
        3
309)927
    927
      0
```
②
```
        6
137)931
    822
    109
```

20　式とその計算の順じょ①

1 ①45　②49
③14　④2
⑤23　⑥0
⑦20　⑧7

2 ①7　②24
③16　④18

21　式とその計算の順じょ②

1 ①29　②45
③28　④24
⑤21　⑥47
⑦39　⑧72

2 ①31　②36
③15　④52

22　小数×整数 の筆算①

1 ①9.6　②31.5　③67.2　④329.4
⑤124.8　⑥12.6　⑦72　⑧413

2 ①4.34　②6.85　③15.19　④50.84
⑤106.92　⑥236.22　⑦29.4　⑧109

23　小数×整数 の筆算②

1 ①5.6　②32.4　③30.8　④357.7
⑤235.6　⑥653.6　⑦176　⑧378

2 ①13.08　②0.92　③18.13　④26.25
⑤620.84　⑥287.64　⑦9　⑧161.4

24　小数×整数 の筆算③

1 ①7.8　②125.6　③75.9　④142.5
⑤144.5　⑥360.4　⑦598　⑧1104

2 ①17.46　②0.78　③5.07　④36.48
⑤87.72　⑥158.75　⑦3.6　⑧207.6

25　小数×整数 の筆算④

1 ①9.6　②15　③51.6　④100.5
⑤429.2　⑥26.4　⑦615　⑧148

2 ①7.83　②21.35　③29.12　④13.49
　　⑤93.28　⑥182.16　⑦9.1　　⑧229.5

26　小数×整数 の筆算⑤

1 ①28.2　②51.2　③71.4　④109.2
　　⑤369.8　⑥475.2　⑦551　⑧1096

2 ①4.13　②28.8　③31.16　④39.95
　　⑤95.81　⑥326.04　⑦11　⑧281

27　小数÷整数の 筆算①

1 ①1.2　②7.9　　③0.75　④0.29
　　⑤6.1　⑥0.2　　⑦0.9　⑧0.02

2 ①24 あまり 1.2　②5 あまり 3.6
　　③3 あまり 10.4

28　小数÷整数の 筆算②

1 ①1.7　②9.9　③0.13　④0.051
　　⑤2.3　⑥0.4　⑦0.3　⑧0.06

2 ①12 あまり 1.6　②9 あまり 1.5
　　③2 あまり 2.3

29　小数÷整数の 筆算③

1 ①3.2　②6.7　③0.62　④0.36
　　⑤2.2　⑥0.3　⑦0.8　⑧0.03

2 ①22 あまり 3.1　②3 あまり 1.5
　　③1 あまり 39.2

30　小数÷整数の 筆算④

1 ①1.3　②2.7　③0.89　④0.057
　　⑤1.3　⑥0.4　⑦0.6　⑧0.06

2 ①11 あまり 1.2　②5 あまり 2.7
　　③2 あまり 6.4

31　わり進むわり算の筆算①

1 ①0.76　②7.5　③1.55
2 ①0.575　②0.075　③0.375

32　わり進むわり算の筆算②

1 ①0.45　②7.5　③1.25
2 ①0.875　②1.192　③0.25

33　商をがい数で表すわり算の筆算①

1 ①2.1　②3.3　③5.5
2 ①7.14　②1.68　③3.75

34　商をがい数で表すわり算の筆算②

1 ①1　②8　③3
2 ①2.3　②2.9　③2.6

35　仮分数の出てくる分数のたし算

1 ①$\frac{6}{5}\left(1\frac{1}{5}\right)$　　②$\frac{5}{4}\left(1\frac{1}{4}\right)$

　③$\frac{8}{7}\left(1\frac{1}{7}\right)$　　④$\frac{7}{5}\left(1\frac{2}{5}\right)$

　⑤$\frac{14}{9}\left(1\frac{5}{9}\right)$　　⑥$\frac{7}{3}\left(2\frac{1}{3}\right)$

　⑦$\frac{11}{5}\left(2\frac{1}{5}\right)$　　⑧$\frac{18}{8}\left(2\frac{2}{8}\right)$

　⑨$2\left(\frac{12}{6}\right)$　　⑩$3\left(\frac{15}{5}\right)$

2 ①$\frac{7}{6}\left(1\frac{1}{6}\right)$　　②$\frac{8}{7}\left(1\frac{1}{7}\right)$

　③$\frac{11}{9}\left(1\frac{2}{9}\right)$　　④$\frac{13}{8}\left(1\frac{5}{8}\right)$

　⑤$\frac{6}{4}\left(1\frac{2}{4}\right)$　　⑥$\frac{13}{5}\left(2\frac{3}{5}\right)$

　⑦$\frac{13}{4}\left(3\frac{1}{4}\right)$　　⑧$\frac{11}{3}\left(3\frac{2}{3}\right)$

　⑨$2\left(\frac{16}{8}\right)$　　⑩$5\left(\frac{10}{2}\right)$

36　仮分数の出てくる分数のひき算

1 ①$\frac{2}{3}$　　②$\frac{2}{6}$

　③$\frac{2}{4}$　　④$\frac{4}{9}$

　⑤$\frac{6}{4}\left(1\frac{2}{4}\right)$　　⑥$\frac{6}{5}\left(1\frac{1}{5}\right)$

　⑦$\frac{7}{6}\left(1\frac{1}{6}\right)$　　⑧$\frac{16}{7}\left(2\frac{2}{7}\right)$

　⑨$1\left(\frac{7}{7}\right)$　　⑩$1\left(\frac{8}{8}\right)$

① $\dfrac{3}{8}$　　② $\dfrac{1}{9}$

③ $\dfrac{2}{4}$　　④ $\dfrac{1}{3}$

⑤ $\dfrac{4}{3}\left(1\dfrac{1}{3}\right)$　　⑥ $\dfrac{11}{7}\left(1\dfrac{4}{7}\right)$

⑦ $\dfrac{7}{5}\left(1\dfrac{2}{5}\right)$　　⑧ $\dfrac{6}{4}\left(1\dfrac{2}{4}\right)$

⑨ $1\left(\dfrac{6}{6}\right)$　　⑩ $2\left(\dfrac{8}{4}\right)$

37 帯分数のたし算①

1
① $\dfrac{9}{6}\left(1\dfrac{3}{6}\right)$　　② $\dfrac{9}{5}\left(1\dfrac{4}{5}\right)$

③ $\dfrac{47}{9}\left(5\dfrac{2}{9}\right)$　　④ $\dfrac{25}{8}\left(3\dfrac{1}{8}\right)$

⑤ $\dfrac{33}{8}\left(4\dfrac{1}{8}\right)$　　⑥ $\dfrac{9}{4}\left(2\dfrac{1}{4}\right)$

2
① $\dfrac{29}{5}\left(5\dfrac{4}{5}\right)$　　② $\dfrac{20}{3}\left(6\dfrac{2}{3}\right)$

③ $\dfrac{44}{7}\left(6\dfrac{2}{7}\right)$　　④ $\dfrac{29}{4}\left(7\dfrac{1}{4}\right)$

⑤ $3\left(\dfrac{27}{9}\right)$　　⑥ $2\left(\dfrac{20}{10}\right)$

38 帯分数のたし算②

1
① $\dfrac{29}{6}\left(4\dfrac{5}{6}\right)$　　② $\dfrac{78}{9}\left(8\dfrac{6}{9}\right)$

③ $\dfrac{26}{10}\left(2\dfrac{6}{10}\right)$　　④ $\dfrac{30}{9}\left(3\dfrac{3}{9}\right)$

⑤ $\dfrac{7}{3}\left(2\dfrac{1}{3}\right)$　　⑥ $\dfrac{18}{4}\left(4\dfrac{2}{4}\right)$

2
① $\dfrac{31}{8}\left(3\dfrac{7}{8}\right)$　　② $\dfrac{31}{4}\left(7\dfrac{3}{4}\right)$

③ $\dfrac{41}{5}\left(8\dfrac{1}{5}\right)$　　④ $5\left(\dfrac{40}{8}\right)$

⑤ $6\left(\dfrac{42}{7}\right)$　　⑥ $4\left(\dfrac{24}{6}\right)$

39 帯分数のひき算①

1
① $\dfrac{7}{5}\left(1\dfrac{2}{5}\right)$　　② $\dfrac{16}{7}\left(2\dfrac{2}{7}\right)$

③ $\dfrac{16}{6}\left(2\dfrac{4}{6}\right)$　　④ $\dfrac{41}{9}\left(4\dfrac{5}{9}\right)$

⑤ $\dfrac{13}{5}\left(2\dfrac{3}{5}\right)$　　⑥ $5\left(\dfrac{45}{9}\right)$

① $\dfrac{7}{9}$　　② $\dfrac{9}{7}\left(1\dfrac{2}{7}\right)$

③ $\dfrac{2}{3}$　　④ $\dfrac{3}{4}$

⑤ $\dfrac{12}{8}\left(1\dfrac{4}{8}\right)$　　⑥ $\dfrac{7}{5}\left(1\dfrac{2}{5}\right)$

40 帯分数のひき算②

1
① $\dfrac{17}{7}\left(2\dfrac{3}{7}\right)$　　② $\dfrac{30}{9}\left(3\dfrac{3}{9}\right)$

③ $\dfrac{4}{3}\left(1\dfrac{1}{3}\right)$　　④ $\dfrac{10}{8}\left(1\dfrac{2}{8}\right)$

⑤ $\dfrac{8}{6}\left(1\dfrac{2}{6}\right)$　　⑥ $1\left(\dfrac{5}{5}\right)$

2
① $\dfrac{4}{6}$　　② $\dfrac{19}{7}\left(2\dfrac{5}{7}\right)$

③ $\dfrac{8}{10}$　　④ $\dfrac{17}{6}\left(2\dfrac{5}{6}\right)$

⑤ $\dfrac{7}{4}\left(1\dfrac{3}{4}\right)$　　⑥ $\dfrac{3}{4}$

教科書ぴったりトレーニング　算数４年　付録

教科書ぴったりトレーニング

はなまるシール

- ふろくの「がんばり表」に使おう！
- はじめに、キミのおとも犬を選んで、がんばり表にはろう！
- 学習が終わったら、がんばり表に「はなまるシール」をはろう！
- 余ったシールは自由に使ってね。

キミのおとも犬

元気いっぱい お肉大好き！
つっこみ役 みんなの世話係
ちょっとこわがり 最年少
おっとり 読書好き
やさしくて物知り みんなの先生

はなまるシール

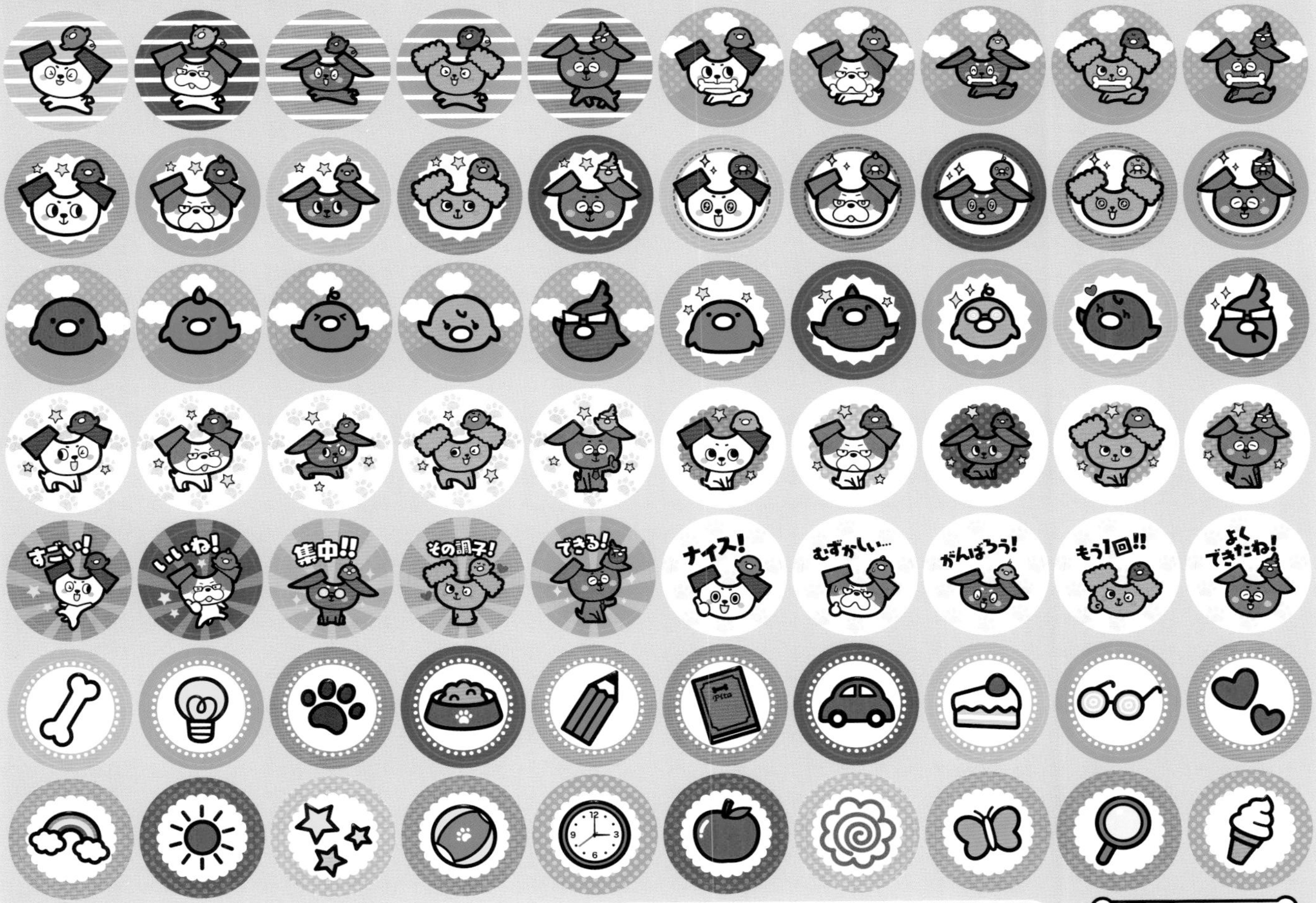

すごい!
いいね!
集中!!
その調子!
できる!
ナイス!
むずかしい…
がんばろう!
もう1回!!
よくできたね!

国語
理科
英語
算数
社会

ごほうびシール

よくできました

教科書ぴったりトレーニング

算数 4年 がんばり表

すきななまえをつけてね！

なまえ

ぴた犬（おとも犬）シールをはろう

シールの中からすきなぴた犬をえらぼう。

いつも見えるところに、この「がんばり表」をはっておこう。
この「ぴたトレ」を学習したら、シールをはろう！
どこまでがんばったかわかるよ。

---

5. およその数
① がい数
② がい数の利用

34〜35ページ　ぴったり12
32〜33ページ　ぴったり12

できたらシールをはろう

4. 角と角度
① 回転の角　③ 角のかき方
② 角の大きさのはかり方

30〜31ページ　ぴったり3
28〜29ページ　ぴったり12
26〜27ページ　ぴったり12

できたらシールをはろう

3. 折れ線グラフと表
① 変わり方を表すグラフ　③ 整理のしかた
② 折れ線グラフのかき方

24〜25ページ　ぴったり3
22〜23ページ　ぴったり12
20〜21ページ　ぴったり12
18〜19ページ　ぴったり12
16〜17ページ　ぴったり12

できたらシールをはろう

2. わり算 (1)
① 2けたの数をわる計算　③ 暗算
② 3けたの数をわる計算

14〜15ページ　ぴったり12
12〜13ページ　ぴったり12
10〜11ページ　ぴったり12

できたらシールをはろう

1. 大きい数
① 数の表し方　③ 大きい数のかけ算
② 数のしくみ

8〜9ページ　ぴったり3
6〜7ページ　ぴったり12
4〜5ページ　ぴったり12
2〜3ページ　ぴったり12

スタート

できたらシールをはろう

---

6. 小数
① 小数　③ 小数のたし算とひき算
② 小数のしくみ

36〜37ページ　ぴったり3
38〜39ページ　ぴったり12
40〜41ページ　ぴったり12
42〜43ページ　ぴったり12
44〜45ページ　ぴったり3

できたらシールをはろう

7. わり算 (2)
① 何十でわる計算　③ 2けたの数でわる計算(2)
② 2けたの数でわる計算(1)　④ わり算のきまり

46〜47ページ　ぴったり12
48〜49ページ　ぴったり12
50〜51ページ　ぴったり12
52〜53ページ　ぴったり12
54〜55ページ　ぴったり3

できたらシールをはろう

8. 倍の見方
① 倍の計算
② かんたんな割合

56〜57ページ　ぴったり12
58〜59ページ　ぴったり3

できたらシールをはろう

9. そろばん
① 数の表し方
② たし算とひき算

60〜61ページ　ぴったり12

できたらシールをはろう

★. すいりパズル

62〜63ページ

できたらシールをはろう

10. 四角形
① 直線の交わり方　③ いろいろな四角形
② 直線のならび方　④ 対角線

64〜65ページ　ぴったり12
66〜67ページ　ぴったり12

できたらシールをはろう

---

14. 変わり方

98〜99ページ　ぴったり3
96〜97ページ　ぴったり12

できたらシールをはろう

13. 分数
① いろいろな分数　③ 分数のたし算とひき算
② 分数の大きさ

94〜95ページ　ぴったり3
92〜93ページ　ぴったり12
90〜91ページ　ぴったり12
88〜89ページ　ぴったり12

できたらシールをはろう

12. 面積
① 広さの表し方　③ 面積の求め方のくふう
② 長方形と正方形の面積　④ 大きな面積の単位

86〜87ページ　ぴったり3
84〜85ページ　ぴったり12
82〜83ページ　ぴったり12
80〜81ページ　ぴったり12
78〜79ページ　ぴったり12

できたらシールをはろう

11. 式と計算
① ( )を使った式　③ 計算のきまり
② +、−、×、÷のまじった式　④ 式の表し方とよみ方

76〜77ページ　ぴったり3
74〜75ページ　ぴったり12
72〜73ページ　ぴったり12
70〜71ページ　ぴったり3
68〜69ページ　ぴったり12

できたらシールをはろう

---

15. 計算の見積もり

100〜101ページ　ぴったり12
102〜103ページ　ぴったり3

できたらシールをはろう

16. 小数のかけ算とわり算
① 小数に整数をかける計算　③ いろいろなわり算
② 小数を整数でわる計算　④ 何倍かを表す小数

104〜105ページ　ぴったり12
106〜107ページ　ぴったり12
108〜109ページ　ぴったり12
110〜111ページ　ぴったり12
112〜113ページ　ぴったり3

できたらシールをはろう

17. 直方体と立方体
① 直方体と立方体　③ 辺や面の垂直と平行
② 見取図と展開図　④ 位置の表し方

114〜115ページ　ぴったり12
116〜117ページ　ぴったり12
118〜119ページ　ぴったり12
120〜121ページ　ぴったり12
122〜123ページ　ぴったり3

できたらシールをはろう

★. レッツプログラミング

124〜125ページ　プログラミング

できたらシールをはろう

4年のふくしゅう

126〜128ページ

ゴール

できたらシールをはろう

さいごまでがんばったキミは「ごほうびシール」をはろう！

教科書ぴったりトレーニング 算数 4年 日本文教版 折込①（オモテ）

教科書ぴったりトレーニングの使い方

『ぴたトレ』は教科書にぴったり合わせて使うことができるよ。教科書も見ながら、勉強していこうね。ぴた犬たちが勉強をサポートするよ。

ふだんの学習

ぴったり1 じゅんび

教科書のだいじなところをまとめていくよ。
⊘ねらい でどんなことを勉強するかわかるよ。
問題に答えながら、わかっているかかくにんしよう。
QRコードから「3分でまとめ動画」が見られるよ。

※QRコードは株式会社デンソーウェーブの登録商標です。

ぴったり2 練習

「ぴったり1」で勉強したことが身についているかな？かくにんしながら、練習問題に取り組もう。

★ できた問題には、「た」をかこう！ ★
でき① でき② でき③ でき④

ぴったり3 たしかめのテスト

「ぴったり1」「ぴったり2」が終わったら取り組んでみよう。
学校のテストの前にやってもいいね。
わからない問題は、 ふりかえり を見て前にもどってかくにんしよう。

実力チェック

- ★ 夏のチャレンジテスト
- ❄ 冬のチャレンジテスト
- 春のチャレンジテスト

夏休み、冬休み、春休み前に使いましょう。
学期の終わりや学年の終わりのテストの前にやってもいいね。

4年 算数のまとめ 学力しんだんテスト

ふだんの学習が終わったら、「がんばり表」にシールをはろう。

別冊

答えとてびき

うすいピンク色のところには「答え」が書いてあるよ。取り組んだ問題の答え合わせをしてみよう。わからなかった問題やまちがえた問題は、右の「てびき」を読んだり、教科書を読み返したりして、もう一度見直そう。

もくじ

算数4年
日本文教版
小学算数

教科書ぴったりトレーニング
▶3分でまとめ動画

巻末	夏のチャレンジテスト／冬のチャレンジテスト／春のチャレンジテスト／学力しんだんテスト	とりはずして
別冊	答えとてびき	お使いください

① 数の表し方

教科書　上 12〜18 ページ　答え　1 ページ

✏️ 次の□にあてはまることばや数をかきましょう。

🎯 **ねらい** 一億より大きい数のしくみを調べよう。　練習 ①②③→

🐾 **大きい数のよみ方**

1000万の 10倍の数を**一億**といい、
100000000 とかきます。また、|億ともかきます。
1000億の 10倍の数を**一兆**といい、
1000000000000 とかきます。また、|兆ともかきます。

> |兆は|億の 10000 倍だよ。

1 2834600000000 をよみましょう。

とき方 右から 4けたごとに区切って、

2│8346│0000│0000
兆　　億　　万

上の数は、[　　　　　　　　] とよみます。

> 万、億、兆の区切りごとに、「一、十、百、千」の位があるよ。

🎯 **ねらい** 大きい数のいろいろな見方を調べよう。　練習 ④⑤→

🐾 **数直線**

数直線では、右に行くほど数は大きくなります。

2 下の数直線で、**ア**の数はいくつですか。

0　　　　　　　　　　　　　　100億

　　　　　↑
　　　　　ア

とき方 |めもりは [　　　] 億を表しています。**ア**の数は [　　　] 億です。

3 4382000000000 は、|兆を何こと、|億を何こあわせた数ですか。
また、|億を何こ集めた数ですか。

とき方 4けたごとに区切ってみると、4兆 3820億 となります。
|兆を [　　　] こと、|億を [　　　] こあわせた数です。
また、|億を [　　　] こ集めた数です。

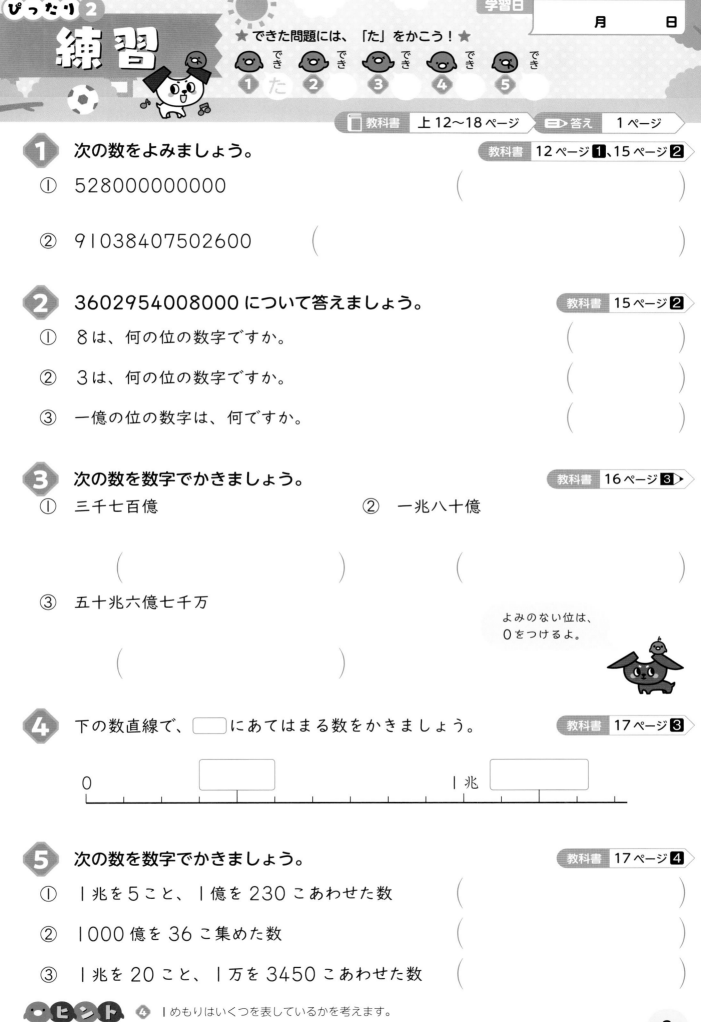

ぴったり2
練習

★ できた問題には、「た」をかこう！★
でき 1 た　でき 2　でき 3　でき 4　でき 5

学習日

月　　日

教科書 上 12〜18 ページ　答え 1 ページ

1 次の数をよみましょう。　　　　　　　　　　　　　教科書 12 ページ **1**、15 ページ **2**

① 528000000000　　　　　　　　　　　（　　　　　　　　　　　　　　）

② 91038407502600　　（　　　　　　　　　　　　　　）

2 3602954008000 について答えましょう。　　　　　教科書 15 ページ **2**

① 8は、何の位の数字ですか。　　　　　　　　　　（　　　　　　　　）

② 3は、何の位の数字ですか。　　　　　　　　　　（　　　　　　　　）

③ 一億の位の数字は、何ですか。　　　　　　　　　（　　　　　　　　）

3 次の数を数字でかきましょう。　　　　　　　　　　教科書 16 ページ **3**

①　三千七百億　　　　　　　　　②　一兆八十億

（　　　　　　　　　　）　　　　（　　　　　　　　　　）

③　五十兆六億七千万

（　　　　　　　　　　）

よみのない位は、
0をつけるよ。

4 下の数直線で、□にあてはまる数をかきましょう。　教科書 17 ページ **3**

0　　　　　　　　　　　　　　　　　　　　　　1兆

5 次の数を数字でかきましょう。　　　　　　　　　　教科書 17 ページ **4**

① 1兆を5こと、1億を 230 こあわせた数　（　　　　　　　　　　）

② 1000 億を 36 こ集めた数　　　　　　　　（　　　　　　　　　　）

③ 1兆を 20 こと、1万を 3450 こあわせた数（　　　　　　　　　　）

ヒント　④ 1めもりはいくつを表しているかを考えます。

1 大きい数

② 数のしくみ

✏ 次の ▢ にあてはまる数をかきましょう。

ねらい 数を 10 倍、100 倍したときの位の変わり方を調べよう。　練習 ① ② ③ →

🐾 **10 倍、100 倍した数**　ある数を
10 倍すると、位が | けたずつ、
100 倍すると、位が 2 けたずつ
上がります。

```
           億        万
          2 4 0 0 0 0 0 0 0 0
100倍 ( 10倍 ↓
          2 4 0 0 0 0 0 0 0 0
          2 4 0 0 0 0 0 0 0 0 0 0
```

1 35 億を 10 倍、100 倍した数をかきましょう。

とき方 10 倍すると、位が ① ▢ けたずつ上がるから、② ▢ 億。

100 倍すると、位が ③ ▢ けたずつ上がるから、④ ▢ 億。

ねらい 数を 1/10 にしたときの位の変わり方を調べよう。　練習 ① ② ③ →

🐾 **1/10 にした数**　ある数を
1/10 にすると、位が | けたずつ下がります。

```
          億        万
        1 7 0 0 0 0 0 0 0 0
1/10にする ↓
        1 7 0 0 0 0 0 0 0 0
```

2 3 兆 5000 億を 1/10 にした数をかきましょう。

とき方 位が ▢ けたずつ下がるから、▢ 億。

ねらい 10 この数字を使って、いろいろな整数をつくろう。　練習 ④ ⑤ →

🐾 **整数のつくり方**
0、1、2、3、4、5、6、7、8、9 の数字を使うと、どんな大きさの整数
でも表すことができます。

3 0 から 9 までの同じ数字を何回使ってもよいとき、いちばん小さい 9 けたの整数
をかきましょう。

とき方 一億の位は、0 では 9 けたにならないので | になります。
あとの位は、いちばん小さい数を考えると、▢ となります。

教科書　上 19〜20 ページ　　答え　2 ページ

① 24 億を 10 倍、100 倍、$\frac{1}{10}$ にした数をかきましょう。　　教科書 19 ページ **1**

10 倍（　　　　　　　）　　100 倍（　　　　　　　）　　$\frac{1}{10}$（　　　　　　　）

② 次の ☐ にあてはまる数やことばをかきましょう。　　教科書 19 ページ **1**

① 65 億を 10 倍した数は ☐ で、その数の数字の 6 は ☐ の位を、

5 は ☐ の位を表しています。

② 190 兆を $\frac{1}{10}$ にした数は ☐ で、その数の数字の 1 は ☐ の位を、

9 は ☐ の位を表しています。

③ 次の数をかきましょう。　　教科書 19 ページ **1**

① 27 億の 10 倍　　　　　　　　　② 7 兆の 10 倍

（　　　　　　　）　　　　　　　　　　　（　　　　　　　）

③ 270 億の 100 倍　　　　　　　　④ 420 億の $\frac{1}{10}$

（　　　　　　　）　　　　　　　　　　　（　　　　　　　）

④ 0 から 9 までの同じ数字を何回も使ってよいとき、いちばん大きい 11 けたの整数をかきましょう。　　教科書 20 ページ **2**

（　　　　　　　）

！まちがい注意

⑤ 0 から 9 までの数字を、どれも 1 回ずつ使って 10 億にいちばん近い整数をつくりましょう。　　教科書 20 ページ **3**

（　　　　　　　）

ヒント　① 数を $\frac{1}{10}$ にした数は、10 でわった数と同じです。

5

③ 大きい数のかけ算

✏ 次の ◯ にあてはまる数をかきましょう。

ねらい 3けた×3けたのしかたを考えよう。 練習 ❶→

🐾 **3けた×3けたの筆算のしかた**

```
      158
    ×247
     1106  ……158×  7= 1106
      632  ……158× 40= 6320
      316  ……158×200=31600
    39026
```

数が大きくなっても、
筆算のしかたは
同じです。

1 142×356 を計算しましょう。

とき方 3けた×2けたの筆算と
同じしかたでします。
　右のようにして計算します。

```
      142
    ×356
      852
    ┌──┐
    └──┘
     426
    ┌──┐
    └──┘
```

ねらい 数字の終わりに0があるときのかけ算のしかたをくふうしよう。 練習 ❷ ❸→

🐾 **かけ算のくふう**

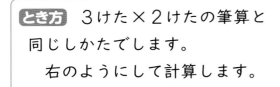

6400×210 の計算

64 ×21 =1344

6400×210=1344000

この考え方を筆算ですると、右のようになります。

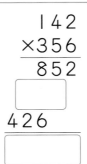

```
     6400
    ×210
       64
     128
  1344000
```

2 1900×420 を筆算でしましょう。

とき方 0がないものとして
計算して、省いた数だけ0
をつけます。

```
     1900
    ×420
       38
     76
    798 ┌──┐
        └──┘
```

教科書　上 21〜22 ページ　　答え　2 ページ

1　次の計算をしましょう。

教科書　21 ページ **1**・**2**

① 　127
　　×823

② 　136
　　×359

③ 　278
　　×255

④ 　527
　　×108

⑤ 　705
　　×502

⑥ 　490
　　×603

2　あかりさんは 5600×340 の計算を右のようにしました。
下の計算のしかたの □ にあてはまる数をかきましょう。

教科書　22 ページ **3**

　　　5600
　　×　340
　　──────
　　　 224
　　 168
　──────
　1904000

5600 は 56 の □ 倍。 340 は 34 の □ 倍。

5600×340 の答えは、56×34 の □ 倍。

なので、56×34 の計算をして、0 を □ こつけました。

3　次の計算を筆算でしましょう。

教科書　22 ページ **3**

① 4800×260

② 650×3200

ヒント　**1** ④〜⑥　0 のかけ算は、省いてかくことができます。

7

① **大きい数**

教科書 上 12〜24 ページ 答え 3 ページ

知識・技能 ／85点

1 次の数をよみましょう。 各5点(10点)

① 7203502830000

（ 　　　　　　　　　　　　　　　　　 ）

② 10000309004530

（ 　　　　　　　　　　　　　　　　　 ）

2 よく出る 次の数を数字でかきましょう。 各5点(15点)

① 五千四億三百八万九千七十

（ 　　　　　　　　　　　　　　　　　 ）

② 八兆三千一億六十四

（ 　　　　　　　　　　　　　　　　　 ）

③ 三十兆六千十一億二千

（ 　　　　　　　　　　　　　　　　　 ）

3 次の数を数字でかきましょう。 各5点(15点)

① 1兆を21こと、1億を3369こあわせた数

（ 　　　　　　　　　　　　　　　　　 ）

② 1兆を107こと、1億を430こと、1万を6200こあわせた数

（ 　　　　　　　　　　　　　　　　　 ）

③ 1000億を30こ集めた数

（ 　　　　　　　　　　　　　　　　　 ）

④ 下の数直線で、アからウの数をかきましょう。　　　　　各5点(15点)

0　　　　　　　　　　　　　　10億

　↑　　　　　　　　↑　　　　　　　　↑
　ア　　　　　　　　イ　　　　　　　　ウ

ア（　　　　　　　）　イ（　　　　　　　）　ウ（　　　　　　　）

⑤ **よく出る** 次の数をかきましょう。　　　　　各5点(30点)

① 3000万の10倍

（　　　　　　　）

② 28億の10倍

（　　　　　　　）

③ 81億の100倍

（　　　　　　　）

④ 470億の100倍

（　　　　　　　）

⑤ 520兆の $\frac{1}{10}$

（　　　　　　　）

⑥ 7兆の $\frac{1}{10}$

（　　　　　　　）

思考・判断・表現　　　　　　　　　　　　　　　　／15点

できたらスゴイ!

⑥ 右のような9まいのカードがあります。
このカードを全部使って、次のような数を
つくりましょう。　　　　　各5点(15点)

2　　0　　4　　7　　5　　6
8　　3　　　　　　1

① いちばん大きい数　　　　　　　　　（　　　　　　　　　　）

② いちばん小さい数　　　　　　　　　（　　　　　　　　　　）

③ いちばん大きい位の数字が3で、いちばん大きい数　（　　　　　）

はってん　なるほど算数　兆より大きい数　　　　　教科書 **上18ページ**

1 兆の次の位は「京」といい、10000000000000000000とかき
ます。次の数を数字でかきましょう。

七京二十一兆六千八百五十二億四千十一万

（　　　　　　　　　　　　　）

◀1京よりさらに大きい位には、「垓」「杼」「穣」などがあり、4けたごとに位が変わっていきます。1無量大数は、0が68こもつきます。

ふろくの「計算せんもんドリル」 8〜9 もやってみよう!

ふりかえり 1がわからないときは、2ページの1にもどってかくにんしてみよう。

① **2けたの数をわる計算**

教科書　上 26〜33 ページ　　答え　3 ページ

✏ 次の◯◯にあてはまる数をかきましょう。

🎯ねらい　（2けた）÷（1けた）の筆算のしかたを調べよう。　　練習 1 2 3 4 →

🐾 65÷5の筆算のしかた

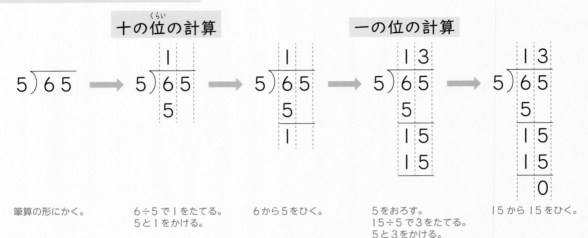

1　72÷2 を筆算でしましょう。

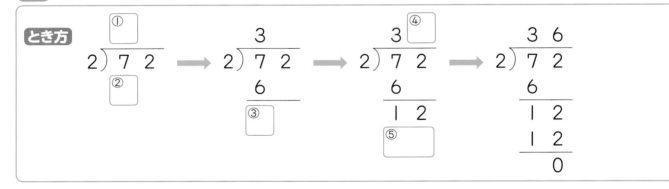

🎯ねらい　あまりのあるわり算をして、答えのたしかめをしよう。　　練習 2 →

🐾 わり算のたしかめの式

わる数×商＋あまり＝わられる数

83÷3の答え　83÷3＝27 あまり 2

答えのたしかめ　3×27＋2＝83

たし算の答えを和、
ひき算の答えを差、
かけ算の答えを積、
わり算の答えを商と
いいます。

2　74÷6 を計算して、答えのたしかめをしましょう。

とき方　74÷6＝① □ あまり ② □

答えのたしかめ　6×③ □ ＋④ □ ＝74

あまりはわる数
より小さいよ。

★ できた問題には、「た」をかこう！ ★

でき ① 　でき ② 　でき ③ 　でき ④

教科書 上 26〜33 ページ 　答え 3 ページ

1 わり算をしましょう。　　　　　　　　　　　教科書 27 ページ **1**

① 3)45　　　　② 5)75　　　　③ 2)98

2 わり算をして、答えのたしかめをしましょう。　教科書 31 ページ **2**

① 4)57　　　　　　　② 6)92

答えのたしかめ　　　　　　　答えのたしかめ
(　　　　　　　　　)　　　　(　　　　　　　　　)

3 わり算をしましょう。　　　　　　　　　　　教科書 33 ページ **3**

① 3)62　　　　② 4)83　　　　③ 7)75

④ 3)98　　　　⑤ 2)87　　　　⑥ 4)85

4 わり算をしましょう。　　　　　　　　　　　教科書 33 ページ **4**

① 3)25　　　　② 8)54　　　　③ 9)75

ヒント **3** ①〜③　計算は十の位で終わり、わられる数の一の位の数はあまりになります。
商の一の位に0をかくことをわすれないようにしましょう。

② わり算(1)
② **3けたの数をわる計算**
③ **暗算**

教科書　上34〜42ページ　答え　4ページ

✏ 次の◯◯にあてはまる数をかきましょう。

◎ ねらい　（3けた）÷（1けた）の計算のしかたを考えよう。　練習 ① ② ③ →

🐾 **668÷5の筆算のしかた**

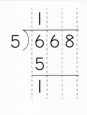

6÷5で1をたてる。
5と1をかける。
6から5をひく。

→

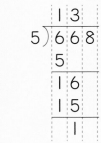

6をおろす。
16÷5で3をたてる。
5と3をかける。
16から15をひく。

→

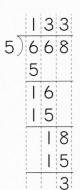

8をおろす。
18÷5で3をたてる。
5と3をかける。
18から15をひく。

1 283÷6 を計算しましょう。

とき方

6)283

2÷6で百の
位には商は
たたない。

→

4
6)283
　24
　　4

28÷6で4をたてる。
6と4をかける。
28から24をひく。

→

47
6)283
　24
　43
　42
　　1

3をおろす。
43÷6で7をたてる。
6と7をかける。
43から42をひく。

283÷6 = ◯◯ あまり ◯◯

◎ ねらい　わり算の暗算のしかたを考えよう。　練習 ④ →

🐾 **76÷2の暗算のしかた**

76÷2
60　16

→

60÷2=30
16÷2= 8

→

30と8をあわせて38
76÷2=38

2 126÷6 を暗算でしましょう。

とき方　わられる数の126を120と6に分けます。

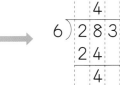
126
120　　6

120÷6=◯◯

6÷6=◯◯

20と1をあわせて、126÷6=◯◯

わられる数を、計算しやす
い2つの数に分けて、かん
たんなわり算にするんだよ。

教科書 上 34〜42 ページ ⏵ 答え 4 ページ

1 わり算をしましょう。　　　　　　　　　教科書 34ページ **1**・**2**

① 600÷2　　　② 240÷3　　　③ 200÷4

2 わり算をしましょう。　　　教科書 35ページ **3**、37ページ **4**・**5**

①
3) 736

②
5) 867

③
2) 689

④
3) 722

⑤
7) 729

⑥
4) 403

3 わり算をしましょう。　　　　　　　　　教科書 38ページ **6**

①
6) 527

②
4) 288

③
8) 407

4 暗算でしましょう。　　　　　　　　　教科書 41ページ **1**・**2**

① 48÷4　　　② 84÷7　　　③ 78÷3

④ 408÷8　　　⑤ 750÷5　　　⑥ 740÷2

ヒント　**2** ⑤ 商の十の位に0をたてることをわすれないようにしましょう。

13

教科書 上 26〜43 ページ　　答え 5 ページ

知識・技能　　　　　　　　　　　　　　　　　　　／80点

① 次の計算のうち、商が百の位からたつのはどれですか。　　(4点)

　あ　627÷6　　　い　416÷6　　　う　816÷6　　　え　583÷6

（　　　　　）

② 次の筆算のまちがいを見つけて、なおしましょう。　　各4点(8点)

①
```
      501
  7)359
    35
      9
      7
      2
```

②
```
      15
  4)420
    4
     20
     20
      0
```

③ よく出る わり算をしましょう。　　各4点(12点)

①　4)52　　　　②　7)86　　　　③　3)62

④ わり算をして、答えのたしかめをしましょう。　　各4点(16点)

①　5)74　　　　　　②　3)86

答えのたしかめ　　　　　　　　答えのたしかめ

（　　　　　　）　　　　　　（　　　　　　）

14

5 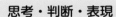 **よく出る** わり算をしましょう。　　　　　各4点（24点）

①
$$5\overline{)892}$$

②
$$7\overline{)904}$$

③
$$4\overline{)523}$$

④
$$8\overline{)872}$$

⑤
$$4\overline{)344}$$

⑥
$$8\overline{)476}$$

6 暗算でしましょう。　　　　　各4点（16点）

① $72 \div 4$

② $84 \div 6$

③ $148 \div 2$

④ $910 \div 7$

思考・判断・表現　　　　　／20点

7 178 まいの色紙を、5人で同じ数ずつ分けます。
1人分は何まいになって、何まいあまりますか。　　式・答え 各5点（10点）

式

　　　　　　　　　　　答え（　　　　　　　　　　　　）

できたらスゴイ!

8 ジュースが 76 本あります。
このジュースを 1 回に 6 本ずつ運ぶと、何回で運び終わりますか。　式・答え 各5点（10点）

式

　　　　　　　　　　　答え（　　　　　　　　　　　　）

ふりかえり  **1** がわからないときは、12 ページの **1** にもどってかくにんしてみよう。

ふろくの「計算せんもんドリル」 **1**～**7** もやってみよう!

ぴったり① じゅんび

3分でまとめ

① 変わり方を表すグラフー(1)

教科書　上 47〜50 ページ　答え　6 ページ

✎ 次の □ にあてはまる数やことばをかきましょう。

◎ねらい　気温の変わり方を表すグラフについて調べよう。　練習 ❶ ❷➡

🐾 折れ線グラフ

　下の❶のような、変わっていくようすを折れ線で表したグラフを、**折れ線グラフ**といいます。

　折れ線グラフは、気温や体重のように時がたつにつれて変わっていくようすを表すときに使います。

1　右のグラフを見て答えましょう。

(1)　午前9時の気温は □ 度です。

(2)　いちばん気温が高いのは □ 時です。

(3)　午後1時と同じ気温になっているのは □ 時です。

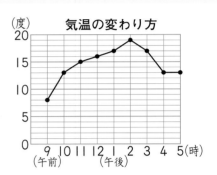

とき方　横のじくで時こくを、たてのじくで気温を見ます。

◎ねらい　線のかたむきから、変わり方をよみとろう。　練習 ❶ ❷➡

🐾 折れ線のかたむきと変わり方の関係

　折れ線グラフでは、線のかたむきで変わり方がわかります。

　気温の変わり方を表すグラフでは、線のかたむきのようすは下のようになります。

上がる　変わらない　下がる

　折れ線グラフでは、線のかたむきが急なほど、変わり方が大きいことを表しています。

2　❶のグラフを見て答えましょう。

(1)　気温がいちばん上がったのは、 □ 時と □ 時の間です。

(2)　気温が変わらなかったのは、 □ 時と □ 時の間です。

(3)　気温がいちばん下がったのは、 □ 時と □ 時の間です。

とき方　線のかたむきのようすを見ます。

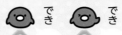
教科書　上 47〜50 ページ　　答え　6 ページ

1 右下のグラフは、1日の気温を調べて変わり方を表したものです。

教科書　47 ページ **1**、49 ページ **2**

① 横のじくとたてのじくのめもりは、それぞれ何を表していますか。

横のじく　（　　　　　　）

たてのじく　（　　　　　　）

1日の気温調べ
(度)

② 横のじくの1めもりは何時間を、たてのじくの1めもりは何度を表していますか。

横のじく　（　　　　　　）

たてのじく　（　　　　　　）

③ 午後3時の気温は何度ですか。

（　　　　　　）

④ 気温が下がりはじめたのは何時からですか。

（　　　　　　）

⑤ 気温の上がり方がいちばん大きいのは、何時と何時の間ですか。

（　　　　　　）

2 右下のグラフは、大山市と小川市の1日の気温の変わり方を表したものです。

教科書　50 ページ **3**

① 大山市と小川市の気温の差が、いちばん大きいのは何時ですか。また、何度ちがいますか。

（　　　　　　）

大山市と小川市の気温（7月11日調べ）
(度)

大山市

小川市

② 大山市と小川市の気温の差が、いちばん小さいのは何時ですか。また、何度ちがいますか。

（　　　　　　）

ヒント　**1** ⑤ かたむきが急なほど、変わり方が大きいことを表しています。

17

✏ 次の □ にあてはまることばや数をかきましょう。

◎ねらい 変わり方がわかりやすいわけを考えよう。　練習 ①→

🐾 折れ線グラフのめもりのとり方のくふう

折れ線グラフは、たてのじくの1めもりが表す大きさを変えると、線のかたむきも変わるので、変わり方を見やすくできます。

折れ線グラフでは、波線〰〰を使って、めもりのとちゅうを省くことがあります。

1 右のグラフは、どちらもはるなさんの6才からの体重の変わり方を表したグラフです。

ⓘのグラフのほうが変わり方がわかりやすいわけを説明しましょう。

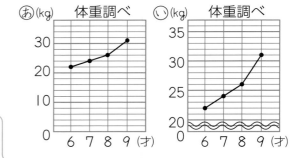

とき方 ⓘのグラフのほうが、1めもりが表す

大きさが □ ので、かたむきが

□ になり、変わり方がわかりやすいです。

◎ねらい 折れ線グラフとぼうグラフがいっしょになったグラフをよみとろう。　練習 ②→

🐾 折れ線グラフとぼうグラフの変わり方の関係

折れ線グラフとぼうグラフをいっしょに表すと、2つの変わり方の関係がわかりやすくなります。

2 右のグラフは、ある都市の月別の気温を折れ線グラフで、月別の降水量をぼうグラフで表したものです。

(1) 気温がいちばん高いのは何月ですか。

(2) 降水量がいちばん多いのは何月ですか。

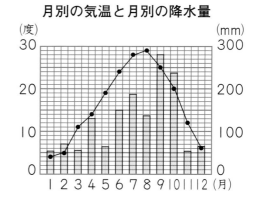

月別の気温と月別の降水量

とき方 (1) 気温がいちばん高いのは、折れ線グラフがいちばん高くなっているところだから、

□ 月で、29度です。

(2) 降水量がいちばん多いのは、ぼうグラフがいちばん高くなっているところだから、□ 月で、280mmです。

教科書　上 51〜54 ページ　答え　6 ページ

1 下の⑥から⑦のグラフを見て、答えましょう。

教科書　53 ページ 1

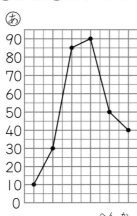
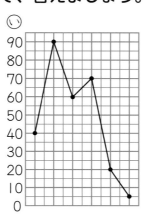
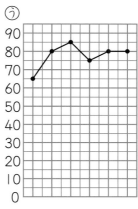

① 〜〜〜 を使うとより変化がわかりやすくなるものはどれですか。

記号で答えましょう。

（　　　　　　　）

② ①で、〜〜〜 を使ったときの最初のめもりはいくつにするとよいですか。

（　　　　　　　）

2 下のグラフは、ある都市の月別の気温を折れ線グラフで、月別の降水量をぼうグラフで表したものです。

教科書　54 ページ 5

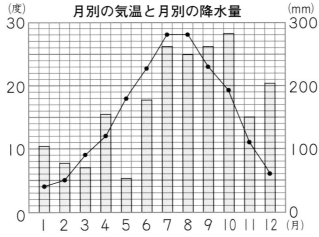

月別の気温と月別の降水量

① 気温が上がっているのは、何月から何月までの間ですか。

（　　　　　　　）

② 5月の気温は何度ですか。

（　　　　　　　）

③ 降水量がいちばん少ないのは何月ですか。

（　　　　　　　）

ヒント　2 気温は、たてのじくのめもりの左側をよみ、降水量は、たてのじくのめもりの右側をよみます。

19

3 折れ線グラフと表

② **折れ線グラフのかき方**

教科書 上 55〜56 ページ　答え 6 ページ

✏ 次の ☐ にあてはまることばをかきましょう。

◎ねらい 折れ線グラフをかけるようになろう。　　練習 ❶→

🐾 折れ線グラフのかき方

❶ 横のじくに、時こくや年れいなどをかき、（ ）に単位をかく。

❷ いちばん大きい数がかけるように、たてのじくに気温や体重などのめもりをとり、（ ）に単位をかく。

❸ 表を見て点をうち、順に直線でつなぐ。

❹ 表題と、調べた月日をかく。

1 右の表は、ある日の地面の温度の変わり方を表したものです。これを折れ線グラフに表す手順をかきましょう。

地面の温度

時こく（時）	午前 9	10	11	12	午後 1	2	3
温度（度）	15	17	18	20	21	22	20

とき方 ❶ 横のじくには、☐ 、たてのじくには ☐ を表す数をかく。（ ）に単位もかく。

❷ それぞれの時こくの ☐ を表すところに、点 ● をうち、順に ☐ でつなぐ。

❸ 表題をかく。

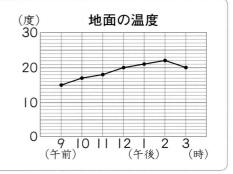

◎ねらい 変わり方がよりわかりやすくなる折れ線グラフをかこう。　　練習 ❷→

🐾 **必要のないところを省く**

〰〰〰 を使って必要のないところを省くと、変わり方がわかりやすいグラフになります。

2 下の表は、あきおさんの体重を 1 月から 5 月まではかったものです。
体重の変わり方を、折れ線グラフに表しましょう。

あきおさんの体重（毎月 10 日調べ）

月	1	2	3	4	5
体重（kg）	28.1	29.0	28.9	29.8	30.2

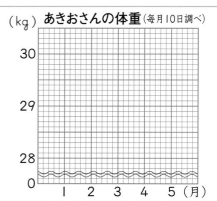

とき方 28 kg より低くなることがないので、〰〰〰 を使って、0 から 28 kg の間のめもりを省いてかきます。

★ できた問題には、「た」をかこう！★

😊 でき　　😊 でき
　①　　　　②

教科書　上 55〜56 ページ　　答え　7 ページ

1 下の表は、かおるさんの体重を毎年の誕生日にはかったものです。
体重の変わり方を、折れ線グラフに表しましょう。

教科書 55 ページ **1**

かおるさんの体重（毎年の誕生日調べ）

年れい（才）	2	3	4	5	6	7	8	9
体重（kg）	8	10	11	13	15	19	21	23

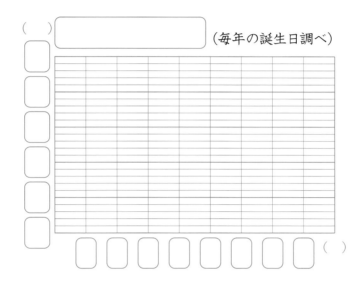

（毎年の誕生日調べ）

2 下の表は、まさおさんの体重を 1 月から 5 月まではかったものです。
体重の変わり方を、折れ線グラフに表しましょう。

教科書 56 ページ **2**

まさおさんの体重（毎月 10 日調べ）

月	1	2	3	4	5
体重 （kg）	27.5	27.2	28.0	28.8	29.3

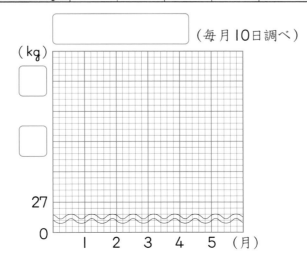

（毎月 10 日調べ）

😊 ヒント　　② たてのじくの 1 めもりは、0.1 kg を表しています。

21

③ 整理のしかた

✏ 次の◯にあてはまることばや数をかきましょう。

🎯**ねらい** 2つのことがらを1つの表に整理する方法を考えよう。　　練習 **1** →

🐾 **2つのことがらを1つに整理した表**

　調べたことを、右下のような表に整理すると、
2つのことがらが同時にわかります。

ここでは、けがの種類と
学年の2つのことがらが
わかる表にしたんだね。

けがをした人の記録

学年	けがの種類	場所
3	すりきず	教室
1	すりきず	校庭
4	打ぼく	教室
5	つき指	校庭
1	切りきず	校庭
2	すりきず	教室

学年	けがの種類	場所
6	つき指	体育館
3	切りきず	教室
1	すりきず	校庭
4	つき指	校庭
1	すりきず	教室
1	切りきず	体育館

➡

けがの種類と学年　　（人）

けがの種類＼学年	1	2	3	4	5	6	合計
すりきず	3	1	1				5
切りきず	2		1				3
つき指				1	1	1	3
打ぼく				1			1
合計	5	1	2	2	1	1	12

1 上の表で、いちばん多かったけがの種類は何ですか。

とき方 上の表の右の合計らんでいちばん多いのは、◯◯◯◯　です。
　　　　　　　　　　　　　　　　└ 合計5人

🎯**ねらい** 調べたことを分類し、わかりやすく表に整理する方法を考えよう。　　練習 **2** →

🐾 **2つのことがらを組み合わせた表**

　2つのことについて、2つ
の見方があるときは、2つの
ことがらを組み合わせた右の
ような表に整理するとわかり
やすくなります。

犬が好きで、
ねこが
きらいな人
は4人だね。

犬とねこの好ききらい調べ(人)

		犬		合計
		好き	きらい	
ねこ	好き	5	3	8
	きらい	4	2	6
合計		9	5	14

2 上の表で、ねこが好きで犬がきらいな人は何人いますか。
　また、合計らんのいちばん上の8は、どんな人が8人いることを表していますか。

とき方 右のように、ねこが好きな人──→に、
犬がきらいな人↓を見ると、ねこが好きで
犬がきらいな人は◯◯◯人です。

	好き	きらい	合計
好き	5	3	8

　8は、ねこが◯◯◯な人が8人いることを表しています。

教科書 上 57〜60 ページ　　答え 7 ページ

1 下の表は、ある道路を通った乗り物の種類と色を表しています。

教科書 57ページ **1**

乗り物の種類と色

種類	色
乗用車	赤
タクシー	白
トラック	青
乗用車	黒
タクシー	赤
トラック	赤

種類	色
タクシー	黒
乗用車	青
タクシー	白
バイク	赤
バイク	黄
バス	緑

種類	色
タクシー	白
乗用車	白
タクシー	黒
バス	青
トラック	緑
タクシー	黒

種類	色
乗用車	黄
バス	赤
トラック	緑
トラック	赤
タクシー	黒
乗用車	黒

① 乗り物の種類と色の2つについて、下の表に整理します。

表の㋐から㋘にあてはまる記号や数をかきましょう。

乗り物の種類と色

種類 ＼ 色	赤	白	青	黒	黄	緑	合計
乗用車	一 |	一 |	一 |	㋓　㋔	一 |	0	㋖
タクシー	一 |	正 3	0	正 4	0	0	8
トラック	㋐　㋑	0	一 |	0	0	丅 2	㋗
バス	一 |	0	一 |	0	0	一 |	3
バイク	一 |	0	0	0	一 |	0	2
合計	㋒	4	3	㋕	2	3	㋘

② いちばんたくさん通ったのは、何色のどんな乗り物ですか。

（　　　　　　　　　　　　　　　）

2 右の表は、まさしさんの学級で一輪車（いちりんしゃ）に乗れる人の数と、竹馬ができる人の数を調べ、整理したものです。

教科書 59ページ **2**

① 一輪車に乗れる人は、何人ですか。

（　　　　　　　　　）

② 竹馬だけできる人は、何人ですか。

（　　　　　　　　　）

③ まさしさんの学級は、全部で何人ですか。

（　　　　　　　　　）

一輪車と竹馬調べ　（人）

		竹馬	
		できる人	できない人
一輪車	乗れる人	13	11
	乗れない人	4	7

「○○ができる人」と
「○○だけできる人」は
ちがうんだよ。

 ヒント 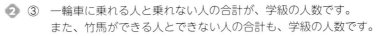 **2** ③ 一輪車に乗れる人と乗れない人の合計が、学級の人数です。
また、竹馬ができる人とできない人の合計も、学級の人数です。

知識・技能　　　　　　　　　　　　　　　　　　　　　　　　／70点

① 下の折れ線グラフを見て、答えましょう。　　　　　　　各5点（15点）

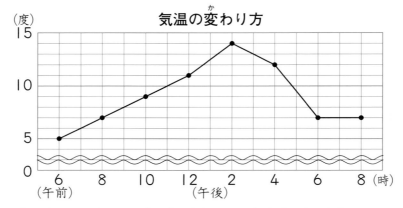

① 気温がいちばん高かったのは何時ですか。また何度ですか。

（　　　　　　　　　　　）

② 午後4時と午後6時の間に、気温は何度下がりましたか。

（　　　　　　　　　　　）

③ 気温の変化がいちばん大きかったのは、何時と何時の間ですか。

（　　　　　　　　　　　）

② 下の表は、1月から8月までの、毎月の晴れた日数を表したものです。
日数の変わり方を折れ線グラフに表しましょう。　　　　　　　　（15点）

1か月の晴れた日数

月	1	2	3	4	5	6	7	8
晴れた日（日）	15	13	20	23	21	9	21	24

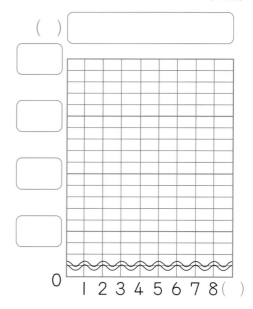

3 よく出る 次の表は、けがの種類とけがをした場所を調べ、整理したものです。

①各5点、②〜④各5点(40点)

けがの種類と場所

けが ＼ 場所	教室	運動場	ろうか	階だん	中庭	合計
切りきず	3	㋐	0	0	2	10
すりきず	4	8	0	1	3	16
ねんざ	1	3	2	4	2	㋑
打ぼく	2	4	㋒	3	1	15
つき指	0	4	0	0	0	4
合計	10	24	7	㋓	8	㋔

① 表の中の㋐から㋔にあてはまる数をかきましょう。

㋐（　　　　　）　　㋑（　　　　　）　　㋒（　　　　　）

㋓（　　　　　）　　㋔（　　　　　）

② 階だんで打ぼくしたのは何人ですか。　　　　　　　　（　　　　　）

③ どんなけがをした人がいちばん多いですか。

（　　　　　）

④ けがをした人は、全部で何人ですか。　　　　　　　　（　　　　　）

思考・判断・表現　　　　　　　　　　　　　　　　／30点

できたらスゴイ！

4 よく出る 下の表は、ゆうじさんの組で、平泳ぎとクロールができるかできないかを調べて、表に整理したものです。

各10点(30点)

平泳ぎとクロール調べ　　　　（人）

		クロール		合計
		できる	できない	
平泳ぎ	できる	16	8	24
	できない	5	3	8
合計		21	11	32

① クロールができて、平泳ぎができない人は何人いますか。（　　　　　）

② 両方ともできない人は何人いますか。　　　　　　　　（　　　　　）

③ 平泳ぎができない人は何人いますか。　　　　　　　　（　　　　　）

ふりかえり ❶がわからないときは、18ページの❶にもどってかくにんしてみよう。

ぴったり **1**
じゅんび

3分でまとめ

④ 角と角度
① 回転の角
② 角の大きさのはかり方

学習日　　月　　日

教科書 上66〜72ページ　答え 9ページ

 次の □ にあてはまる記号や数をかきましょう。

ねらい 角の大きさの表し方がわかり、角の大きさのはかり方を調べよう。　　練習 ① ② →

角の大きさの
ことを、角度
ともいうよ。

🐾 角の大きさの表し方

直角を 90 等分した 1 つ分の角の大きさを
1度といい、1°とかきます。
度は角の大きさを表す単位です。

1直角＝90°

🐾 分度器の使い方

❶　分度器の中心を角の頂点アにあわせる。
❷　0°の線を辺アイにきちんと重ねる。
❸　辺アウの上にあるめもりをよむ。

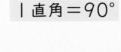

1　分度器を使って、右の図の㋐の角度をはかりましょう。

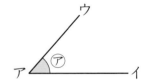

とき方　分度器の中心を㋐の角の頂点アにあわせます。

分度器の0°の線を辺 □ にきちんと重ねます。

辺 □ の上にあるめもりをよみます。

㋐の角度は □ °です。

ねらい 180°より大きい角度のはかり方を考えよう。　　練習 ③ ④ →

🐾 180°より大きい角度のはかり方

180°より何度大きいかを考えます。

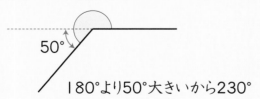

50°

180°より50°大きいから230°

360°より何度小さいかを考えます。

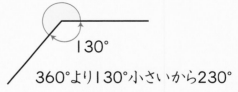

130°

360°より130°小さいから230°

ねらい 三角定規の角度を組み合わせて、できる角度を調べよう。　　練習 ⑤ →

🐾 三角定規の角度

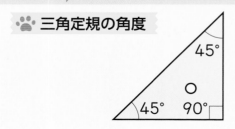

45°
45°　90°

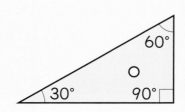

60°
30°　90°

45°−30°＝15°

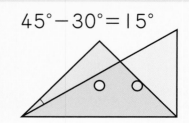

ぴったり2
練習

★ できた問題には、「た」をかこう！★
 でき 1　 でき 2　 でき 3　 でき 4　でき 5

学習日　　月　　日

教科書　上66〜72ページ　　答え　9ページ

1 次の□にあてはまる数をかきましょう。　教科書 67ページ **1**

① 1直角＝□°

② 半回転の角度は、直角が□つ分で、□°。

③ 1回転の角度は、直角が□つ分で、□°。

2 分度器を使って、次の角度をはかりましょう。　教科書 68ページ **1**

① 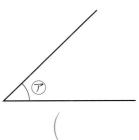　（　　　）

② 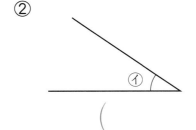　（　　　）

辺が短いときは、辺をのばしてかいてはかってみよう。

3 下の図の㋐の角度は何度ですか。　教科書 70ページ **2**

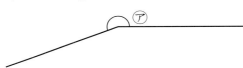

（　　　）

4 右の図の㋐、㋑、㋒の角度は、それぞれ何度ですか。　教科書 70ページ **3**

㋐（　　　）　㋑（　　　）

㋒（　　　）

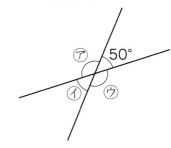

また、このことからどんなことがわかりましたか。
（　　　　　　　）

5 1組の三角定規を組みあわせて、下の図のような角をつくりました。㋐、㋑の角度は、それぞれ何度ですか。　教科書 71ページ **4**

① （　　　）

② 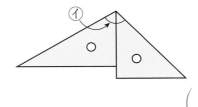（　　　）

ヒント ❸ 180°より何度大きいかを考えます。
または、小さいほうの角度をはかって、360°より何度小さいかを考えます。

27

③ 角のかき方

教科書 上 73〜74 ページ | 答え 10 ページ

✐ 次の ◻ にあてはまる記号や数をかきましょう。

◎ねらい 分度器の使い方を知って、角をかけるようになろう。 練習 ① ②→

🐾 60°の角のかき方

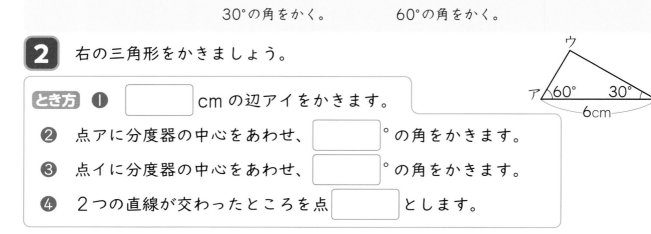

ア——イ
❶辺アイをかく。

❷点アに分度器の中心をあわせ、辺アイに分度器の0°の線を重ねる。

❸分度器のめもりの60°のところに点ウをかく。

❹分度器をはずし、点アと点ウを通る直線をひく。

1 50°の角をかきましょう。

とき方 ❶ 辺アイをかきます。

❷ 点 ◻ に分度器の中心をあわせ、辺 ◻ に0°の線を重ねます。

❸ めもりの ◻ °のところに点 ◻ をかきます。

❹ 点 ◻ と点 ◻ を通る直線をひきます。

◎ねらい 分度器とものさしを使った、三角形のかき方を考えよう。 練習 ③→

🐾 1つの辺の長さが4cmで、その両はしの角の大きさが30°と60°の三角形のかき方

ア———イ
❶4cmの辺アイをかく。

❷点アに分度器の中心をあわせ、30°の角をかく。

❸点イに分度器の中心をあわせ、60°の角をかく。

❹2つの直線が交わったところを点ウとする。

2 右の三角形をかきましょう。

とき方 ❶ ◻ cmの辺アイをかきます。

❷ 点アに分度器の中心をあわせ、 ◻ °の角をかきます。

❸ 点イに分度器の中心をあわせ、 ◻ °の角をかきます。

❹ 2つの直線が交わったところを点 ◻ とします。

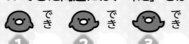

教科書　上73〜74ページ　　答え　10ページ

1 次の角をかきましょう。

教科書 73ページ 1

① 30°　　　　　② 75°　　　　　③ 140°

ア ──────── イ　　ア ──────── イ　　ア ──────── イ

2 240°の角を、次の方法でかきましょう。

教科書 73ページ 1

① 180°より何度大きいかでかいてみましょう。

180°より大きい角
をかくには、この2
つの方法があるよ。

② 360°より何度小さいかでかいてみましょう。

3 次の三角形をかきましょう。

教科書 74ページ 2

①

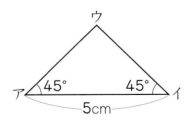

②

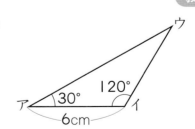

ヒント **2** 180°は2直角、360°は4直角になります。
ここから何度大きいか、小さいかを考えましょう。

29

④ 角と角度

📖 教科書 上 66〜76、151 ページ　▭▷ 答え 11 ページ

知識・技能　　　　　　　　　　　　　　　　　　　　　　／76点

1 よく出る 分度器を使って、次の角度をはかりましょう。　各6点（18点）

① 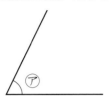　　② 　　③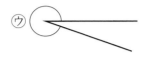

(　　　　　)　　　(　　　　　)　　　(　　　　　)

2 右の図の⑦、⑦、⑦の角度は、それぞれ何度ですか。　各8点（24点）

⑦ (　　　　　)

⑦ (　　　　　)

⑦ (　　　　　)

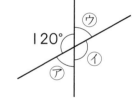

3 次の角をかきましょう。　各7点（14点）

①　130°　　　　　　　　　②　230°

4 よく出る 次の三角形をかきましょう。　　各10点(20点)

①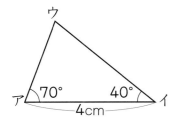

②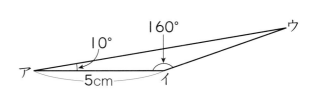

思考・判断・表現　　／24点

5 1組の三角定規を組みあわせて、下の図のような角をつくりました。
あ、い、うの角度は、それぞれ何度ですか。　　各8点(24点)

①　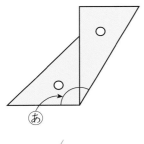

②　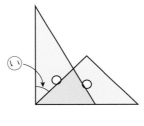

③　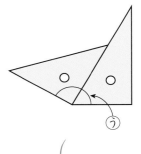

(　　　　　　)　　(　　　　　　)　　(　　　　　　)

はってん ぐっとチャレンジ　④角と角度　　**教科書** 上151ページ

1 　時計の短いはりは、6時間で180°まわるから1時間で
180°÷6＝30° まわります。
　下の時計で、長いはりと短いはりでできる赤い部分の角の大きさ
は何度ですか。

◀時計の長いはりは、
60分で360°、
つまり1分で
360°÷60＝6°
まわります。

①　

②　

(　　　　　　)　　(　　　　　　)

 ①がわからないときは、26ページの①にもどってかくにんしてみよう。

3分でまとめ

⑤ およその数

① がい数

教科書 上78〜84ページ 答え 12ページ

✏️ 次の ☐ にあてはまることばや数をかきましょう。

🎯 ねらい がい数の意味がわかり、がい数で表す方法を考えよう。 練習 ❶ ❷ ❸ ➡

🐾 がい数と四捨五入

およその数を**がい数**といい、**四捨五入**して求めた数字に「約」をつけて表します。

7万と8万の間の数で、一万の位までのがい数を求めるには、千の位の数字が、

　0、1、2、3、4のときは、切り捨てて約70000

　5、6、7、8、9のときは、切り上げて約80000

上から2けたのがい数にするときは、上から3けためを四捨五入します。

1 48350を四捨五入して、一万の位までのがい数にしましょう。

とき方 一万の位までのがい数だから、①☐ の位の数字で四捨五入します。

②☐ の位の数字が③☐ だから、切り④☐ て⑤☐ となります。

2 84729を四捨五入して、上から2けたのがい数にしましょう。

とき方 上から2けたのがい数だから、上から①☐ けための数字を四捨五入します。上から3けための数字の7を切り②☐ て③☐ となります。

🎯 ねらい 四捨五入する前のもとの数のはんいを考えよう。 練習 ❹ ❺ ❻ ➡

🐾 がい数の表すはんい

四捨五入して、百の位までのがい数にしたとき、200になる整数のはんいを、「150 **以上** 249 **以下**」または「150 以上 250 **未満**」といいます。

・150 以上…150 と等しいか、150 より大きい数

・249 以下…249 と等しいか、249 より小さい数

・250 未満…250 より小さい数（250 ははいらない）

100　150　200　250　300

150…はいる　　250…はいらない

3 四捨五入して、百の位までのがい数にしたとき、1500になる整数のはんいを、以上、以下、未満を使って表しましょう。

とき方 百の位までのがい数にするには、①☐ の位に着目します。

いちばん小さい整数は②☐ 、いちばん大きい整数は③☐ だから、

④☐ 以上⑤☐ 以下または⑥☐ 以上1550⑦☐ です。

教科書 上 78〜84 ページ　　答え 12 ページ

1 次の数を四捨五入して、[　]の中の位までのがい数にしましょう。

教科書 82 ページ 3

① 1638 ［百の位］（　　　　）　② 6909　［千の位］（　　　　）

③ 3252 ［百の位］（　　　　）　④ 70255 ［千の位］（　　　　）

⑤ 28457 ［一万の位］（　　　　）　⑥ 895143 ［一万の位］（　　　　）

2 79982 を四捨五入して、80000 にします。

いちばん小さい位で四捨五入をして、80000 にするには、何の位で四捨五入をすればよいですか。

教科書 82 ページ 4

（　　　　）

3 四捨五入して、上から2けたのがい数にしましょう。

教科書 83 ページ 3

① 33256 （　　　　）　② 54680 （　　　　）

③ 909090 （　　　　）　④ 111414 （　　　　）

⑤ 899243 （　　　　）　⑥ 195261 （　　　　）

4 四捨五入して、百の位までのがい数にしたとき、①、②の数になる整数はどれですか。

教科書 84 ページ 6

① 2500

　　あ 3040　　い 2498　　う 2605　　（　　　　）

② 3700

　　あ 3849　　い 3612　　う 3749　　（　　　　）

5 四捨五入して、上から2けたのがい数にしたとき、3500 になる整数のはんいを、以上、以下、未満を使って、2とおりに表しましょう。

教科書 84 ページ 4

（　　　　）（　　　　）

6 四捨五入して、千の位までのがい数にしたとき、235000 になる整数のうち、いちばん小さい整数といちばん大きい整数を求めましょう。

教科書 84 ページ 4

いちばん小さい整数（　　　　）　いちばん大きい整数（　　　　）

ヒント　**6** 千の位までのがい数にしたとき 235000 になる整数は、千の位が4のとき百の位で切り上げて、千の位が5のとき百の位で切り捨てます。

33

② がい数の利用

教科書 上 85～86 ページ　答え 13 ページ

 次の◯にあてはまる数をかきましょう。

◎ねらい ぼうグラフに表すには、どんながい数にすればよいか考えよう。　練習 ①→

大きな数のグラフのかき方

大きな数のものをグラフに表すには、それぞれの数をがい数にしてからグラフに表します。

このとき、いちばん小さいめもりの表す数によって、何の位までのがい数で表すかをきめます。

| めもりのきめ方は、いちばん大きい数がグラフにかけるはんいで考えるよ。

1 下の表は、世界の主な山の高さを調べたものです。

4つの山の高さを、ぼうグラフに表しましょう。

世界の山の高さ　　　　（m）

山の名	高さ	がい数
エベレスト	8848	①
キリマンジャロ	5892	②
モンブラン	4810	③
富士山	3776	④

とき方 (1)　グラフの1めもりの長さをきめます。

10めもりで1000mを表すとすると、1めもりでは◯mを表します。

(2)　それぞれの山の高さを四捨五入して、100mまでのがい数にして、上の表にかきましょう。

(3)　右のぼうグラフを完成させましょう。

グラフの1めもりを表す数にあわせた位までのがい数にするといいんだね。

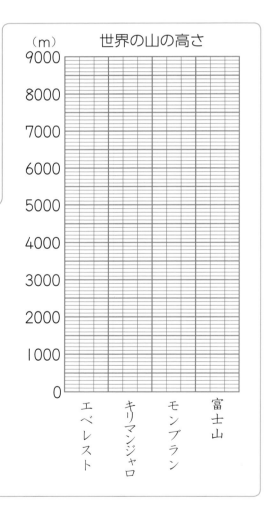

（m）　世界の山の高さ

9000
8000
7000
6000
5000
4000
3000
2000
1000
0

エベレスト　キリマンジャロ　モンブラン　富士山

練習

① 下の表は、日本の主な山の高さを調べたものです。
4つの山の高さを、右のぼうグラフに表そうと思います。

教科書 85 ページ ①

日本の山の高さ　（m）

山の名	高さ
大雪山 だいせつざん	2291
浅間山 あさまやま	2568
阿蘇山 あそさん	1592
赤石岳 あかいしたけ	3121

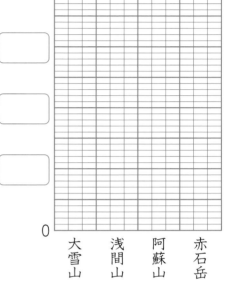

（m）
4000

0

大雪山　浅間山　阿蘇山　赤石岳

① グラフのたてのじくの10めもりは何 m ですか。

（　　　　　　　　）

② グラフのたてのじくの1めもりは何 m ですか。

（　　　　　　　　）

③ ぼうグラフに表すには、何の位までのがい数で
表せばよいですか。

（　　　　　　　　）

④ それぞれの山の高さを四捨五入して、②で
答えた位までのがい数で表しましょう。

大雪山　（　　　　　　　）m

浅間山　（　　　　　　　）m

阿蘇山　（　　　　　　　）m

赤石岳　（　　　　　　　）m

⑤ ぼうグラフを完成させましょう。

ヒント ① ② 1000 を 10 こに分けたうちの、1つ分を考えてみましょう。

時間 30分
/100
ごうかく 80点

教科書 上78〜88ページ 答え 14ページ

知識・技能 /60点

1 次のうち、がい数で表すとよいと考えられるものは、どれですか。 (2点)

㋐ 世界の人口

㋑ 190円のパンを、500円出して買ったときのおつり

㋒ 今日の午後2時の気温

(   )

2 よく出る 次の数を四捨五入して、[ ]の中の位までのがい数にしましょう。

各2点(8点)

① 4290　[百の位]　　　　② 60204　[千の位]

(   )　　　　　　　　(   )

③ 567654　[一万の位]　　④ 98765　[一万の位]

(   )　　　　　　　　(   )

3 よく出る 次の数を四捨五入して、上から2けたのがい数にしましょう。

各3点(6点)

① 3846　　　　　　　　　② 7992

(   )　　　　　　　　(   )

4 次の数を四捨五入して、がい数にしましょう。 各3点(18点)

	73529	50600
千の位までのがい数	①	②
一万の位までのがい数	③	④
上から2けたのがい数	⑤	⑥

5 よく出る 四捨五入して、百の位までのがい数にしたとき、2600になる整数について答えましょう。

はんいを、以上、以下、未満を使って2とおりに表しましょう。 各4点(8点)

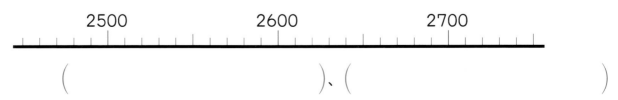

2500　　　　　　2600　　　　　　2700

(   )、(   )

6 下の表は、土曜日のサッカーの試合の入場者数です。これをぼうグラフに表します。　各3点(18点)

入場者数　　（人）

東スタジアム	27548
西スタジアム	18092
南スタジアム	22760
北スタジアム	30574

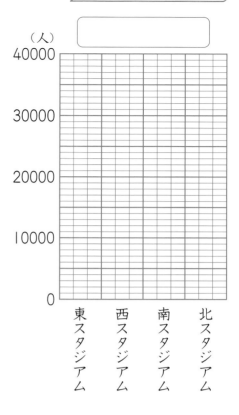

（人）

① ぼうグラフに表すには、何の位までのがい数で表せばよいですか。

（　　　　　　　　）

② それぞれの入場者数を四捨五入して、①で答えた位までのがい数で表しましょう。

東スタジアム（　　　　　　）

西スタジアム（　　　　　　）

南スタジアム（　　　　　　）

北スタジアム（　　　　　　）

③ ぼうグラフを完成させましょう。

思考・判断・表現　　　　　　　　　　　　　　　　／40点

できたらスゴイ！

7 四捨五入して一万の位までのがい数にしたとき、250000になる6けたの数をつくります。

□にあてはまる数を全部かきましょう。　各10点(20点)

① 2□3589（　　　　　　　　　）　② 24□316（　　　　　　　　　）

8 ⓪、①、②、③、④、⑤の6枚の数字のカードがあります。

このカードをならべて、四捨五入して一万の位までのがい数にしたとき、250000になる6けたの数をつくります。

いちばん大きい数といちばん小さい数をかきましょう。　各10点(20点)

いちばん大きい数（　　　　　　　　）

いちばん小さい数（　　　　　　　　）

ふりかえり ②がわからないときは、32ページの①にもどってかくにんしてみよう。

ぴったり1 じゅんび

3分でまとめ

6 小数

① 小数

学習日　　月　　日

教科書 上91〜93ページ　答え 15ページ

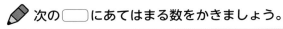 次の◯◯にあてはまる数をかきましょう。

ねらい　0.1 L より小さいかさの表し方を考えよう。

練習 ①②③→

0.1 より小さい数の表し方

0.1 L の $\frac{1}{10}$ を、0.01 L とかき、「れい点れい一リットル」とよみます。

1 水のかさは何 L ですか。

とき方　1 L が 1 こと、0.1 L が 5 こと、0.1 L の $\frac{1}{10}$ が 3 こです。

1 L が 1 こと 0.1 L が 5 こで、◯◯ L です。

0.1 L の $\frac{1}{10}$ は 0.01 L で、その 3 こ分は ◯◯ L です。

1.5 L と 0.03 L をあわせて、◯◯ L です。

ねらい　1 km より短い長さを、km の単位で表す方法を考えよう。

練習 ④⑤→

0.01 より小さい数の表し方　　0.01 km の $\frac{1}{10}$ を、0.001 km とかき、

「れい点れいれい一キロメートル」とよみます。

1000 m ‥‥‥‥‥‥‥‥‥‥‥‥　1　　km

100 m ‥‥‥　1 km の $\frac{1}{10}$ ‥0.1　　km

10 m ‥‥‥　0.1 km の $\frac{1}{10}$ ‥0.01　　km

1 m ‥‥0.01 km の $\frac{1}{10}$ ‥0.001 km

同じように
100 g は 0.1　kg
　10 g は 0.01 kg
と表すよ。

2 4265 m を km の単位で表しましょう。

とき方　4000 m は　　　1 km が 4 こで　　4　　　km

200 m は　　0.1 km が 2 こで　0.2　　　km

60 m は　0.01 km が 6 こで　0.06　　km

5 m は 0.001 km が 5 こで　0.005 km

_____

4265 m　　　　　　　◯◯ km

100 m は 0.1　km
10 m は 0.01　km
1 m は 0.001 km

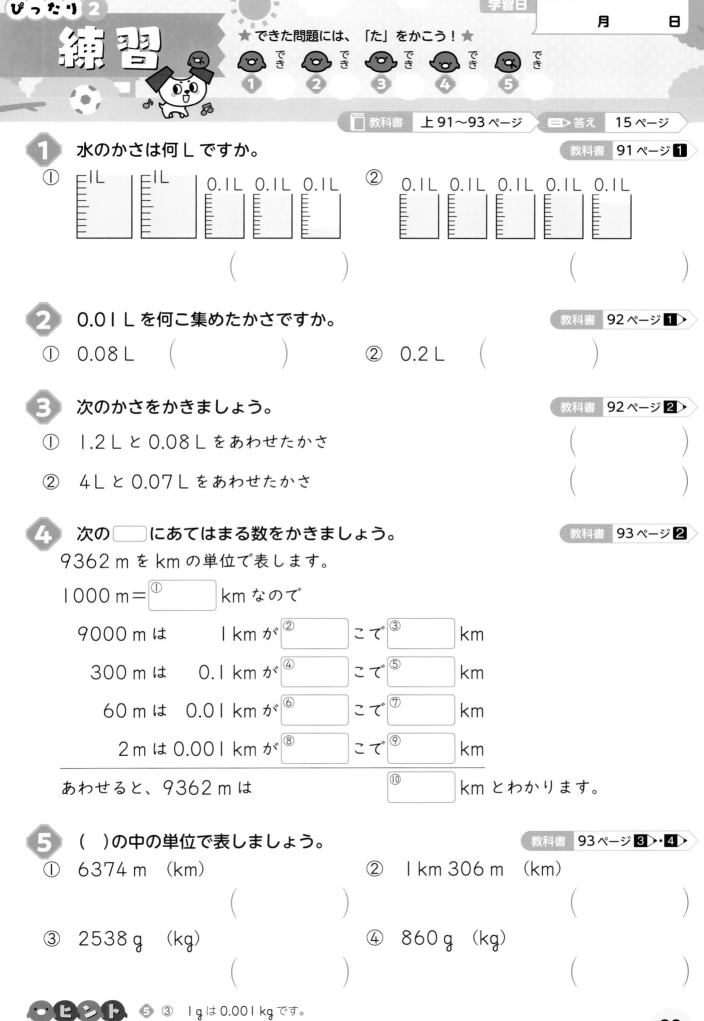

教科書 上 91〜93 ページ　答え 15 ページ

1 水のかさは何 L ですか。

教科書 91 ページ **1**

① ⬜IL ⬜IL 0.1L 0.1L 0.1L

② 0.1L 0.1L 0.1L 0.1L 0.1L

( )　　( )

2 0.01 L を何こ集めたかさですか。

教科書 92 ページ **1**

① 0.08 L ( )　② 0.2 L ( )

3 次のかさをかきましょう。

教科書 92 ページ **2**

① 1.2 L と 0.08 L をあわせたかさ　( )

② 4 L と 0.07 L をあわせたかさ　( )

4 次の ⬜ にあてはまる数をかきましょう。

教科書 93 ページ **2**

9362 m を km の単位で表します。

1000 m ＝ ① ⬜ km なので

9000 m は 　1 km が ② ⬜ こで ③ ⬜ km

300 m は 　0.1 km が ④ ⬜ こで ⑤ ⬜ km

60 m は 　0.01 km が ⑥ ⬜ こで ⑦ ⬜ km

2 m は 0.001 km が ⑧ ⬜ こで ⑨ ⬜ km

あわせると、9362 m は ⑩ ⬜ km とわかります。

5 ( )の中の単位で表しましょう。

教科書 93 ページ **3**・**4**

① 6374 m （km）　　② 1 km 306 m （km）

( )　　( )

③ 2538 g （kg）　　④ 860 g （kg）

( )　　( )

ヒント 5 ③ 1g は 0.001 kg です。

39

② 小数のしくみ

教科書 上 94〜98 ページ 答え 16 ページ

✏️ 次の ◯ にあてはまる数をかきましょう。

🎯 ねらい 小数のしくみを調べよう。　　　　　　　練習 ① ② ⑤ →

🐾 1、0.1、0.01、0.001 の関係

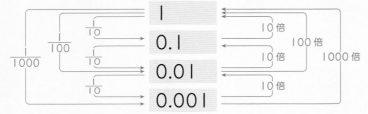

4.	2	5	8
一の位	$\frac{1}{10}$の位（小数第一位）	$\frac{1}{100}$の位（小数第二位）	$\frac{1}{1000}$の位（小数第三位）

0.1、0.01、0.001 を分数で表すと、それぞれ、

$\frac{1}{10}$、$\frac{1}{100}$、$\frac{1}{1000}$ となります。

1 4.935 の $\frac{1}{100}$ の位、$\frac{1}{1000}$ の位の数字は何ですか。

とき方 4.935 で、$\frac{1}{100}$ の位の数字は ◯ です。

また、$\frac{1}{1000}$ の位の数字は ◯ です。

4 .	9	3	5
一の位	$\frac{1}{10}$の位	$\frac{1}{100}$の位	$\frac{1}{1000}$の位

🎯 ねらい 0.01 のいくつ分で、小数の大きさを考えよう。　　練習 ③ ④ →

🐾 4.25 のいろいろな見方

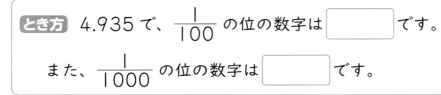

① 　4　　は 1　　が 4 こ
　　0.2　は 0.1　が 2 こ
　　0.05 は 0.01 が 5 こ
　　4.25 はこれらをあわせた数

② 　　4 は 0.01 を 400 こ
　　0.2 は 0.01 を　20 こ
　　0.05 は 0.01 を　　5 こ
　　4.25 は 0.01 を 425 こ集めた数

2 3.64 は、0.01 を何こ集めた数ですか。

とき方　　3 は 0.01 を ① ◯ こ

　　　　0.6 は 0.01 を ② ◯ こ

　　　　0.04 は 0.01 を ③ ◯ こ

　　　　3.64 は 0.01 を ④ ◯ こ集めた数

1 は 0.01 を 100 こ
0.1 は 0.01 を　10 こ
集めた数だよ。

ぴったり 2
練習

★ できた問題には、「た」をかこう！★
でき 1　でき 2　でき 3　でき 4　でき 5

学習日
月　　日

教科書　上 94〜98 ページ　　答え　16 ページ

1 次の ☐ にあてはまる数をかきましょう。　　教科書 94 ページ **1**

① 1 は 0.001 の ☐ 倍

② ☐ は 0.1 の $\frac{1}{100}$

2 4.683 という数について答えましょう。　　教科書 95 ページ **2**

① 8 は何の位の数字ですか。

（　　　　　）

② $\frac{1}{1000}$ の位の数字は何ですか。

（　　　　　）

3 次の数は 0.01 を何こ集めた数ですか。　　教科書 96 ページ **3**

① 0.08 （　　　　　）　② 3.18 （　　　　　）　③ 4.2 （　　　　　）

4 次の ☐ にあてはまる不等号をかきましょう。　　教科書 97 ページ **4**

① 3.5 ☐ 3.49

② 0.67 ☐ 0.672

5 次の数をかきましょう。　　教科書 98 ページ **6**

① 0.81 を 10 倍した数

② 0.2 を 10 倍した数

（　　　　　）

（　　　　　）

③ 0.81 を $\frac{1}{10}$ にした数

④ 0.2 を $\frac{1}{10}$ にした数

（　　　　　）

（　　　　　）

ヒント　**5** 10 倍すると、位が 1 けたずつ上がり、$\frac{1}{10}$ にすると、位が 1 けたずつ下がります。

41

③ 小数のたし算とひき算

教科書 上99〜103ページ　答え 16ページ

 次の□にあてはまる数をかきましょう。

ねらい 小数のたし算の筆算のしかたを考えよう。　練習 ①②➡

🐾 1.31＋2.54 の筆算のしかた

```
  1.31          1.31          1.31
+2.54    →    +2.54    →    +2.54
               3 8 5         3.8 5
```

位をそろえてかく。　整数と同じように計算する。　和の小数点をうつ。
1.31＋2.54＝3.85

たし算の答えを和　ひき算の答えを差というんだったね。

1 筆算でしましょう。

(1) 4.27＋1.53　　　　　(2) 1.65＋3.2

とき方 (1)
```
   4.2 7
 +1.5 3
 □□.□ 0
```
答えの0を消す。

4.27＋1.53＝□

(2)
```
   1.6 5
 +3.2 0
 □□.□□
```
3.2 は 3.20 と考えて、計算する。

1.65＋3.2＝□

ねらい 小数のひき算の筆算のしかたを考えよう。　練習 ③④➡

🐾 3.56－2.43 の筆算のしかた

```
  3.56          3.56          3.56
-2.43    →    -2.43    →    -2.43
               1 1 3         1.1 3
```

位をそろえてかく。　整数と同じように計算する。　差の小数点をうつ。
3.56－2.43＝1.13

差の小数点は上の小数点の位置にそろえてうちます。

2 筆算でしましょう。

(1) 5.83－2.53　　　　　(2) 4－1.39

とき方 (1)
```
   5.8 3
 -2.5 3
 □□.□ 0
```
答えの0を消す。

5.83－2.53＝□

(2)
```
   4.0 0
 -1.3 9
 □□.□□
```
4 は 4.00 と考えて、計算する。

4－1.39＝□

教科書　上 99～103 ページ　　答え　16 ページ

1 たし算をしましょう。

教科書 99 ページ **1**

① 3.54＋2.23　　② 1.92＋3.75　　③ 1.65＋6.58

2 たし算をしましょう。

教科書 100 ページ **2**・**3**

① 6.46＋2.84　　② 3.97＋2.43　　③ 4.7＋1.13

④ 0.84＋2.1　　⑤ 32.7＋5.14　　⑥ 2＋6.35

3 ひき算をしましょう。

教科書 101 ページ **4**

① 4.87－2.43　　② 7.62－3.55　　③ 8.12－7.63

4 ひき算をしましょう。

教科書 102 ページ **5**・**6**

① 8.47－2.37　　② 0.92－0.52　　③ 3－0.43

④ 7.5－2.34　　⑤ 5.26－1.8　　⑥ 5.86－5.81

5 7.64 という数について、次の◯にあてはまる数をかきましょう。

教科書 103 ページ **7**

① 7.64 は、1 を 7 こと、0.1 を ◯ こと、0.01 を ◯ こあわせた数です。

② 7.64 は、0.01 を ◯ こ集めた数です。

③ 7.64 は、7.6 より ◯ 大きい数です。

● ヒント　　**3** ③ 差の一の位の 0 と小数点をわすれないようにしましょう。
　　　　　　4 ⑥ 差の一の位、$\frac{1}{10}$ の位は 0 になります。

43

ぴったり③
たしかめのテスト
⑥ 小数

時間 **30** 分

／100

ごうかく **80** 点

教科書 上 91〜105 ページ　答え 17 ページ

知識・技能　　　　　　　　　　　　　　　　　　　　　　　　　　　　　　／92点

1 次の ☐ にあてはまる数をかきましょう。　　　　　1問3点（24点）

① ☐ は1を $\frac{1}{1000}$ にした数です。

② 0.1 は 0.001 を ☐ こ集めた数です。

③ 2.196 の $\frac{1}{1000}$ の位の数字は ☐ です。

④ 7.325 は、1を7こと、0.1 を ☐ こと、0.01 を ☐ こと、

　0.001 を ☐ こあわせた数です。

⑤ 0.01 を 256 こ集めた数は ☐ です。

⑥ 5.7 は 0.01 を ☐ こ集めた数です。

⑦ 4.203 を 10 倍した数は、☐ です。

⑧ 1.6 を $\frac{1}{10}$ にした数は、☐ です。

2 よく出る （　）の中の単位で表しましょう。　　　各2点（8点）

① 4m26cm　（m）　　　　　　② 5208m　（km）

　　　　　　（　　　　　　）　　　　　　　　（　　　　　　）

③ 320g　（kg）　　　　　　④ 1kg75g　（kg）

　　　　　　（　　　　　　）　　　　　　　　（　　　　　　）

3 よく出る 次の数を小さい順にならべかえましょう。　　　（3点）

　　　　1.5　　　1.06　　　0　　　0.009　　　1.48

　　　　　　　　　　（　　　　　　　　　　　　　　　　）

④ 次の □ にあてはまる不等号をかきましょう。　　　各3点(9点)

① 9.1 □ 8.9　　② 7.1 □ 7.11　　③ 14.8 □ 1.48

⑤ 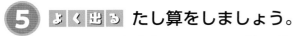 たし算をしましょう。　　　各4点(24点)

① 7.64＋2.29　　② 3.65＋1.79　　③ 2.95＋3.05

④ 3.6＋0.92　　⑤ 38.5＋4.81　　⑥ 2＋5.89

⑥ 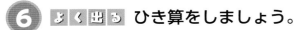 ひき算をしましょう。　　　各4点(24点)

① 8.15－2.36　　② 0.24－0.12　　③ 8.92－1.42

④ 3－2.16　　⑤ 28.5－9.67　　⑥ 4.82－4.78

思考・判断・表現　　　／8点

⑦　7kg 820g の牛肉があります。この肉のうち、1.2kg をバーベキューで使います。
　牛肉の残りは何kgですか。　　　式・答え 各4点(8点)

式

答え（　　　　　　　　）

ふりかえり　　①がわからないときは、38ページの①にもどってかくにんしてみよう。

この本の終わりにある「夏のチャレンジテスト」をやってみよう！

ふろくの「計算せんもんドリル」⑩〜⑬もやってみよう！

ぴったり **1**
じゅんび

3分でまとめ

7 わり算(2)

① 何十でわる計算

学習日 　月　日

教科書 上111～112ページ　答え 18ページ

次の◯◯にあてはまる数をかきましょう。

ねらい 何十でわる計算のしかたを考えよう。

練習 **1 2** →

🐾 **60÷20の計算のしかた**

60は10の束が6こ、20は10の束が2こだから、10の束6こを、10の束2こずつに分けると考えます。

$$60 \div 20 = 3$$
↓÷10　↓÷10　）同じ
$$6 \div 2 = 3$$

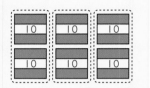

1 160÷40を計算しましょう。

とき方 160は10の束が16こ、40は10の束が4こだから、10をもとにして考えると、16÷4で計算できます。

$$160 \div 40 = ④\boxed{}$$
↓÷10　　　↓÷10　　　同じ
$$①\boxed{} \div ②\boxed{} = ③\boxed{}$$

ねらい 何十でわってあまりのでる計算ができるようにしよう。

練習 **3 4** →

🐾 **140÷40の計算のしかた**

140は10の束が14こ、40は10の束が4こだから、10の束14こを、10の束4こずつに分けると考えます。

$$140 \div 40 = 3\text{あまり}20$$　20あまる
↓÷10　↓÷10
$$14 \div 4 = 3\text{あまり}2$$　10の束が2こあまる

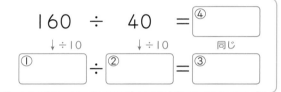

答えのたしかめ　40 × 3 ＋ 20 ＝ 140
　　　　　わる数× 　商 　＋あまり＝わられる数

2 370÷90を計算しましょう。

とき方 370は10の束が37こ、90は10の束が9こだから、10をもとにして考えると、37÷9で計算できます。

$$370 \div 90 = ①\boxed{} \text{あまり} ②\boxed{}$$
↓÷10　↓÷10
$$37 \div 9 = 4 \text{あまり} 1$$　←4こに分けられて、10の束が1こあまる。
答えのたしかめ　$90 \times ③\boxed{} + ④\boxed{} = 370$
　　　　　わる数 × 　商 　＋　あまり 　＝ わられる数

教科書　上 111〜112 ページ　　答え　18 ページ

1　次のわり算を、10 をもとにして考えると、どんな計算で求められますか。

式をかきましょう。

また、わり算の答えを求めましょう。　　　　教科書　111 ページ 1

①　80÷40

式 （　　　　　　　）

答え （　　　　　　　）

②　60÷30

式 （　　　　　　　）

答え （　　　　　　　）

2　わり算をしましょう。　　　　教科書　111 ページ 2

①　180÷30　　　②　420÷70　　　③　400÷80

3　わり算をして、答えのたしかめをしましょう。　　　　教科書　112 ページ 3

①　70÷20

答えのたしかめ

（　　　　　　　　　　　　）

②　80÷30

答えのたしかめ

（　　　　　　　　　　　　）

③　390÷60

答えのたしかめ

（　　　　　　　　　　　　）

④　250÷40

答えのたしかめ

（　　　　　　　　　　　　）

⑤　740÷90

答えのたしかめ

（　　　　　　　　　　　　）

⑥　200÷30

答えのたしかめ

（　　　　　　　　　　　　）

4　500 円持っています。

1 本 70 円のえんぴつを何本買えて、何円あまりますか。　　　　教科書　112 ページ 3

式

答え （　　　　　　　　　　　　）

ヒント　3　⑥　10 をもとにして考えると、20÷3 で求められます。20÷3＝6 あまり 2
あまりの 2 は、10 のまとまりが 2 こあることを表しています。

47

 次の◯◯にあてはまる数をかきましょう。

ねらい 筆算のしかたを考えよう。

練習 ① ② ③ ⑤ →

🐾 **76÷23 の筆算のしかた**

$$\begin{array}{r} 3 \\ 23{\overline{)76}} \end{array} \longrightarrow \begin{array}{r} 3 \\ 23{\overline{)76}} \\ 69 \end{array} \longrightarrow \begin{array}{r} 3 \\ 23{\overline{)76}} \\ 69 \\ \hline 7 \end{array}$$

70÷20 とみて、商の 3 を一の位にたてる。

23 と 3 をかける。

76 から 69 をひく。

商は一の位にたつよ。

$$76÷23=3 あまり 7$$

1 98÷34 を計算しましょう。

とき方 90÷30 とみて、9÷3＝3 の見当をつけます。

34 と 3 をかけて、102

見当をつけた商が大きすぎるので、商を 1 小さくします。

商の見当が大きい。 商を 1 小さくする。

$$\begin{array}{r} 3 \\ 34{\overline{)98}} \\ 102 \end{array} \longrightarrow \begin{array}{r} 2 \\ 34{\overline{)98}} \\ \boxed{①} \\ \boxed{②} \end{array}$$

$$98÷34=\boxed{③} \ \text{あまり} \ \boxed{④}$$

ねらい 商のたつところに注目して、筆算のしかたを考えよう。

練習 ④ →

🐾 **436÷64 の筆算のしかた**

$$\begin{array}{r} 6 \\ 64{\overline{)436}} \end{array} \longrightarrow \begin{array}{r} 6 \\ 64{\overline{)436}} \\ 384 \end{array} \longrightarrow \begin{array}{r} 6 \\ 64{\overline{)436}} \\ 384 \\ \hline 52 \end{array}$$

64 は 43 より大きいから、商は一の位からたつ。
400÷60 とみて、商の 6 を一の位にたてる。

64 と 6 をかける。

436 から 384 をひく。

$$436÷64=6 あまり 52$$

2 238÷26 を計算しましょう。

とき方 200÷20 とみると、20÷2＝10 となりますが、
238 は 26 の 10 倍よりも小さいから、
商は 10 より 1 小さい 9 と見当をつけます。

$$\begin{array}{r} 9 \\ 26{\overline{)238}} \\ \boxed{①} \\ \boxed{②} \end{array}$$

$$238÷26=\boxed{③} \ \text{あまり} \ \boxed{④}$$

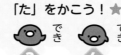

1 わり算をしましょう。　　　　　　　　　　　　　教科書 113 ページ **1**

① 23〽49　　　② 24〽76　　　③ 12〽48

2 わり算をしましょう。　　　　　　　　　　　　　教科書 115 ページ **2**

① 24〽87　　　② 12〽43　　　③ 14〽56

3 わり算をしましょう。　　　　　　　　　　　　　教科書 115 ページ **3**

① 13〽62　　　② 12〽82　　　③ 29〽83

4 わり算をしましょう。　　　　　　　　　　　　　教科書 116 ページ **4・5**

① 24〽156　　　② 67〽500　　　③ 39〽204

④ 82〽487　　　⑤ 35〽324　　　⑥ 26〽209

5 わられる数とわる数を四捨五入して、商の見当をつけて、わり算をしましょう。

教科書 117 ページ **6**

① 16〽53　　　② 19〽68　　　③ 17〽94

ヒント
④　商は一の位にたちます。
⑤　① 53 と 16 を四捨五入して 50÷20 とみて、商の見当をつけます。

49

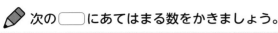
ぴったり1 じゅんび

③ 2けたの数でわる計算⑵

教科書　上118〜120ページ　答え　19ページ

✏ 次の◻にあてはまる数をかきましょう。

◎ねらい　3けた÷2けたの筆算のしかたを考えよう。　練習 ❶ ❷ ❸→

🐾 406÷27の筆算のしかた

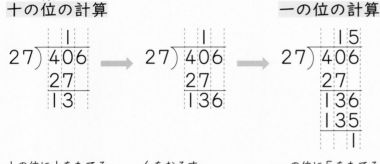

十の位の計算

$$27) \overline{406}$$

→

$$27) \overline{406}$$

一の位の計算

$$27) \overline{406}$$

十の位に1をたてる。
27に1をかける。
40から27をひく。

6をおろす。

一の位に5をたてる。
27に5をかける。
136から135をひく。

$$406 ÷ 27 = 15 あまり 1$$

---

1 775÷48を計算しましょう。また、答えのたしかめをしましょう。

とき方 2けた÷2けたのわり算の筆算と同じように、大きい位から順に計算します。

$$775 ÷ 48 = ③◻ あまり ④◻$$

答えのたしかめ　$$48 × ⑤◻ + ⑥◻ = 775$$
　　　　　　　　わる数 ×　　商　　+　あまり　= わられる数

```
      ①
48) 775
    48
    295
    288
      ②
```

---

2 656÷32を計算しましょう。

とき方 65は32より大きいから、商は十の位からたちます。

一の位の計算で、16は32より小さいから、商の一の位に0をたてます。

右のように、0の計算を省いてかくこともできます。

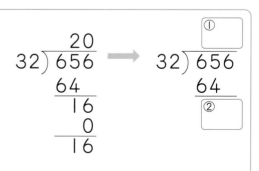

```
      20              ①
32) 656    →    32) 656
    64              64
    16               ②
     0
    16
```

$$656 ÷ 32 = ③◻ あまり ④◻$$

教科書 上118〜120ページ ⟩ 答え 19ページ

① わり算をしましょう。また、答えのたしかめをしましょう。　教科書 118ページ **1**

① 23)279

② 53)722

答えのたしかめ
(　　　　　　　　　　　　)

答えのたしかめ
(　　　　　　　　　　　　)

③ 35)642

④ 46)830

答えのたしかめ
(　　　　　　　　　　　　)

答えのたしかめ
(　　　　　　　　　　　　)

② わり算をしましょう。　教科書 120ページ **2**

① 24)480

② 34)689

③ 16)492

③ 350まいの色紙を、32人で同じ数ずつ分けます。
1人分は何まいになって、何まいあまりますか。　教科書 120ページ **2**

式

答え (　　　　　　　　　　　　)

🐶ヒント　❷ 0の計算を省いてかくことができます。

51

7 わり算(2)

④ わり算のきまり

📖 教科書 上 121〜123 ページ　📱 答え 20 ページ

✏ 次の □ にあてはまる数をかきましょう。

◎ **ねらい** わり算のきまりを使って計算できるようにしよう。　練習 ❶ ❷ ❸ →

🐾 **わり算のきまり**

　わられる数とわる数に同じ数をかけてからわり算をしても、わられる数とわる数を同じ数でわってからわり算をしても、商は変わりません。

1 150÷25 を、わり算のきまりを使って、くふうして計算しましょう。

とき方 わり算のきまりを使って、1けたでわるわり算の式にします。

　わられる数とわる数を5でわってからわり算をしても、商は変わりません。

　また、わられる数とわる数に4をかけてから、100でわってわり算をしても、商は変わりません。

　　5でわってから計算する。

150÷ 25 = ③ □
↓÷5　　↓÷5　　　　↑
30 ÷ ① □ = ② □

　　4をかけてから計算する。

150÷ 25 = ⑦ □
↓×4　　↓×4　　　　↑
600÷ ④ □ = ⑥ □
↓÷100　↓÷100　　　↑
6 ÷ 1 = ⑤ □

2 6900÷500 を、わり算のきまりを使って、くふうして計算しましょう。また、答えのたしかめをしましょう。

とき方 終わりに0があるわり算は、わる数とわられる数の0を同じ数だけ消して、計算することができます。

　あまりがあるときは、あまりに消した分だけ0をつけます。

6900÷500
↓÷100　↓÷100
69 ÷ 5

```
        ① □
 5̸0̸0̸)6̸9̸0̸0̸
      5
    ─────
     1 9
     1 5
    ─────
       4 ② □
```

あまりがあるから、あまりに消した分だけ0をつけましょう。

6900÷500= ③ □ あまり ④ □

答えのたしかめ　500× ⑤ □ + ⑥ □ =6900

教科書 上 121〜123 ページ　答え 20 ページ

1 わり算のきまりを使って、□にあてはまる数をかきましょう。

教科書 121 ページ **1**

① 　80 　÷40
　　↓÷10 ↓÷10
　　□÷ 4

② 720÷ 90
　　↓÷10 ↓÷10
　72 ÷□

③ 400÷ 25
　　↓÷5 ↓÷5
　80 ÷□

④ 　98 ÷14
　　↓÷2 ↓÷2
　□÷ 7

2 わり算のきまりを使って、くふうして計算しましょう。

教科書 122 ページ **2**

① 720÷60

② 600÷40

③ 135÷15

④ 630÷21

3 わり算のきまりを使って、くふうして計算しましょう。

教科書 123 ページ **3**・**4**

① 300)6900

② 800)5200

③ 400)7000

④ 600)4000

ヒント　❸ わる数とわられる数の0を同じ数だけ消してから計算します。

知識・技能　　　　　　　　　　　　　　　　　　　　　　　　　　　／80点

1 次の①、②の式と答えが同じになるものを選びましょう。　各4点(8点)

①　36÷4

　　あ　360÷6　　　　　　い　72÷2　　　　　　う　360÷40

　　　　　　　　　　　　　　　　　　　　　　　　（　　　　　）

②　28÷7

　　あ　560÷140　　　　い　280÷7　　　　　　う　14÷7

　　　　　　　　　　　　　　　　　　　　　　　　（　　　　　）

2 **よく出る** わり算をしましょう。　　　　　　　　　　　各4点(32点)

①　140÷70　　　　　　　　　　②　440÷70

③
　22)85

④
　14)98

⑤
　19)95

⑥
　31)248

⑦
　62)372

⑧
　54)440

3 **よく出る** わり算をしましょう。　　　　　　　　　　　各5点(15点)

①
　13)910

②
　34)918

③
　29)724

4 わり算のきまりを使って、くふうして計算しましょう。　　各5点(15点)

① 300÷25　　　　② 140÷35　　　　③ 720÷18

5 次のわり算で商が十の位からたつとき、□にあてはまる数字を全部かきましょう。

各5点(10点)

①

37)3□8

②

□6)529

(　　　　　　　　) 　　(　　　　　　　　)

思考・判断・表現　　　　　　　　　　　　　　　　　／20点

6 たまごを 20 こずつパックに入れると、パックは 40 こできて、たまごは 16 こあまります。

このたまごを 24 こずつパックに入れると、パックは何こできますか。

式·答え 各5点(10点)

式

答え (　　　　　　　　)

7 よく出る 320 頭のひつじを、1 回に 24 頭ずつトラックで牧場に運びます。

全部のひつじを運ぶには、トラックで何回運べばよいですか。　　式·答え 各5点(10点)

式

答え (　　　　　　　　)

ふりかえり　❶がわからないときは、52 ページの❶にもどってかくにんしてみよう。

ふろくの「計算せんもんドリル」 14〜18 もやってみよう！

55

8 倍の見方
① **倍の計算**
② **かんたんな割合**

教科書 上 126〜132 ページ　答え 22 ページ

✎ 次の◯にあてはまる数や記号をかきましょう。

◎ねらい　**図を使って、倍の意味を考えよう。**　練習 ❶ ❷ →

🐾 **倍の計算**　何倍かや、もとにする大きさを求めるときは、わり算を使います。

1　りくさんの体重は 36 kg で、妹の体重は 9 kg です。
　　りくさんの体重は妹の体重の何倍ですか。

とき方　妹の体重 1 kg を 1 とみると、
りくさんの体重はいくつ分にあたるか
を考えます。
　　　　答え ◯ 倍

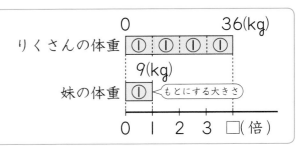

◎ねらい　**もとにする大きさについて考えよう。**　練習 ❷ →

2　赤いロープの長さは 24 m で、青いロープの長さの 3 倍です。
　　青いロープの長さは何 m ですか。

とき方　◯ m の 3 倍が 24 m だから、
◯×3＝24　　24÷3＝ ◯
　　　　　答え ◯ m

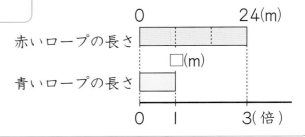

◎ねらい　**どちらのゴムがよくのびるかについて、くらべ方を考えよう。**　練習 ❸ →

🐾 **割合**　2 つの数量の関係をくらべるときは、1 つの数量がもう 1 つの数量の
何倍になっているかでくらべることができます。
　　この何倍にあたるかを表した数を**割合**といいます。

3　右の表のようなゴムがあります。
　　どちらのゴムがよくのびるといえますか。

	もとの 長さ（cm）	のばした 長さ（cm）
アのゴム	20	40
イのゴム	10	30

とき方　割合でくらべます。
　〈アのゴム〉 ◯ ÷20＝ ◯
　〈イのゴム〉30÷10＝3　　　　答え ◯ のゴムのほうがよくのびる。
　　　　　　　　　　　　　　　　　└ 割合が大きいほうを答えましょう。

📖 教科書 上 126〜132 ページ　📝 答え 22 ページ

1 　赤いテープは 12 cm で、白いテープの長さは、赤いテープの長さの 9 倍です。
白いテープの長さは何 cm ですか。　　　　📖 教科書 128ページ **2**

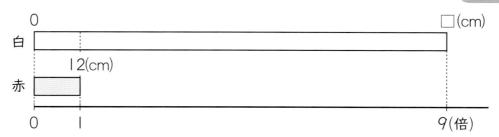

（　　　　　　　）

2 　水そうに 30 L の水がはいっています。水そうにはいっている水の量は、ポリタンクにはいっている水の量の 6 倍です。
　ポリタンクには何 L の水がはいっていますか。　　　　📖 教科書 129ページ **3**

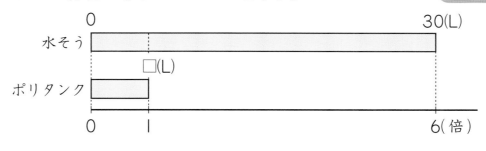

（　　　　　　　）

3 　**右の表を見て、次の問題に答えましょう。**　　📖 教科書 130ページ **1**

① 　イルカとクジラについて、それぞれ、
いまの体長はもとの体長の何倍ですか。

イルカ　（　　　　　）

クジラ　（　　　　　）

イルカとクジラの体長

	もとの体長	いまの体長
イルカ	1 m	5 m
クジラ	4 m	8 m

② 　割合でくらべると、イルカとクジラでは、どちらのほうが体長がのびたと
いえますか。

（　　　　　　　）

8 倍の見方

教科書 上 126〜132 ページ 答え 22 ページ

知識・技能 ／10点

1 赤いリボンの長さは 250 cm で、青いリボンの長さの 5 倍です。 各5点(10点)

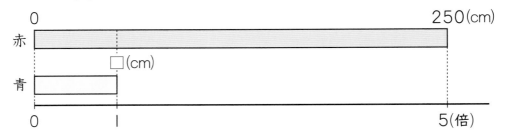

① 青いリボンの長さを □ cm としてかけ算の式に表しましょう。

式

② ①の□にあてはまる数を求めましょう。

（　　　　　　　）

思考・判断・表現 ／90点

2 色紙を、るいさんは 78 まい、弟は 26 まい持っています。
　るいさんの色紙のまい数は弟の色紙のまい数の何倍ですか。 式・答え 各6点(12点)

式

答え（　　　　　　　）

3 水泳で、ゆうきさんは 50 m 泳ぎ、兄が泳いだきょりは、ゆうきさんが泳いだきょりの 4 倍です。
　兄が泳いだきょりは何 m ですか。 式・答え 各6点(12点)

式

答え（　　　　　　　）

4 産まれてすぐの子どものウマの体重は 40 kg で、おとなのウマの体重は、産まれてすぐの子どものウマの体重の 9 倍です。

　おとなのウマの体重は何 kg ですか。　　　　　　　　　　式・答え 各8点(16点)

式

答え（　　　　　　　）

5 バスの乗車料金は、おとなは 180 円で、子どものバスの乗車料金の 3 倍です。

　子どものバスの乗車料金は何円ですか。　　　　　　　式・答え 各8点(16点)

式

答え（　　　　　　　）

6 右の表のような植物があります。
　どちらの植物がよく成長したといえますか。

(7点)

	もとの 長さ(cm)	のびた 長さ(cm)
アの植物	10	50
イの植物	20	60

（　　　　　　　）

7 りんさんの学校の 4〜6 年生の人数は 270 人で、5 年 1 組の人数の 9 倍です。
　5 年生の人数は 5 年 1 組の人数の 3 倍です。　　　　　　各9点(27点)

① 5 年 1 組の人数は何人ですか。

（　　　　　　　）

② 5 年生の人数は何人ですか。

（　　　　　　　）

③ りんさんの学校の 4〜6 年生の人数は、5 年生の人数の何倍ですか。

（　　　　　　　）

ふりかえり　❶がわからないときは、56 ページの❶にもどってかくにんしてみよう。

じゅんび

9 そろばん

① 数の表し方
② たし算とひき算

教科書 上 134～136 ページ 答え 23 ページ

次の ◯ にあてはまることばや数、記号をかきましょう。

◎ねらい そろばんで、いろいろな数を表せるようにしよう。 練習 ①→

🐾 数の表し方

大きな整数 1億3800万

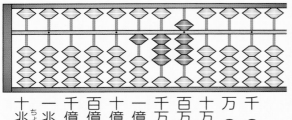

十兆の位 一兆の位 千億の位 百億の位 十億の位 一億の位 千万の位 百万の位 十万の位 万の位 千の位

小数 1.17

一の位 $\frac{1}{10}$の位 $\frac{1}{100}$の位 $\frac{1}{1000}$の位

1 右の数をよみましょう。

(1)
一の位

(2)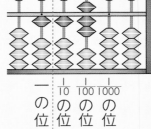
一の位

とき方 (1) いちばん左のけたが

◯ の位になります。

置かれている玉を、けたにあわせてよむと、◯ になります。

(2) ◯ 分の一の位が7になります。このそろばんが表す数は ◯ です。

◎ねらい そろばんで、かんたんな計算をしよう。 練習 ②→

🐾 たし算とひき算

121+527

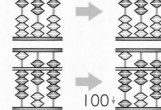

479-126

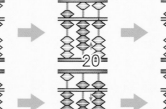

2 右のそろばんは、どんな計算をしていますか。

一の位

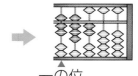
一の位

とき方 はじめのそろばんが表す数は①◯ で、

②◯ 分の一の位と③◯ 分の一の位の玉

のおき方が変わっています。そろばんは、7.3④◯ 0.52 をしています。

教科書 | 上 134〜136 ページ　答え | 23 ページ

1 次の数を数字でかきましょう。

教科書 | 134 ページ **1**

①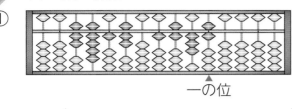

一の位

（　　　　　　　　　　）

②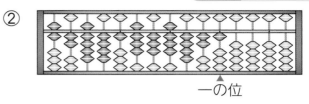

一の位

（　　　　　　　　　　）

③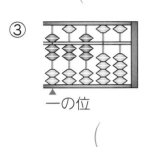

一の位

（　　　　　　）

④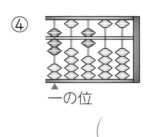

一の位

（　　　　　　）

⑤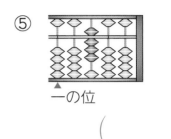

一の位

（　　　　　　）

2 次の①〜③は、どのような計算を表していますか。式をかきましょう。
㋐〜㋒は手順を表しています。

教科書 | 136 ページ **1**・**2**

①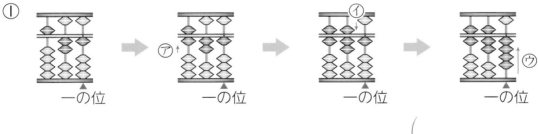

一の位　　一の位　　一の位　　一の位

（　　　　　　　　　　）

②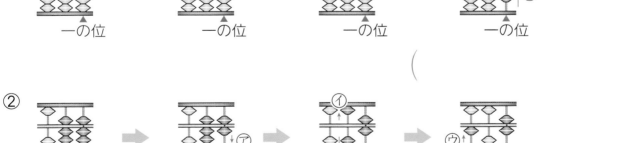

一の位　　一の位　　一の位　　一の位

（　　　　　　　　　　）

③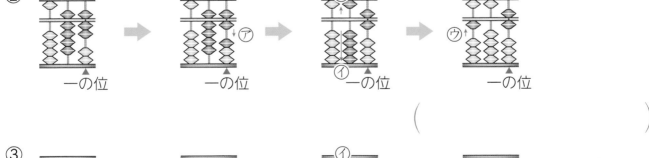

一の位　　一の位　　一の位　　一の位

（　　　　　　　　　　）

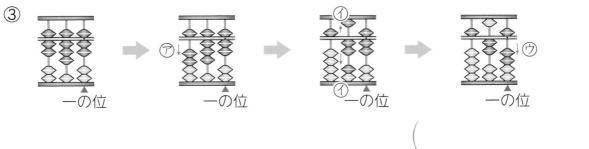

ヒント　**2** 最初と最後の図をくらべて、数がふえているならたし算の計算、
へっているならひき算の計算です。

もっとジャンプ

すいりパズル

教科書　上 158〜159 ページ　　答え　23 ページ

1 かんなさん、はるかさん、ゆうりさんに、弁当に入れてほしいおかず、野菜、くだものをそれぞれ1つずつ聞くと、3人の答えに同じものはありませんでした。
次のヒントをよんで、表のあいているところをかきましょう。

① ゆうりさんは、くだものはみかんを入れてほしいです。
② いちごを入れてほしい人は、ブロッコリーを入れてほしいです。
③ レタスを入れてほしい人は、おかずはハンバーグを入れてほしいです。
④ ブロッコリーを入れてほしい人は、エビフライを入れてほしいです。
⑤ くだものはぶどうを入れてほしい人がいます。
⑥ はるかさんはおかずにからあげを入れてほしいです。

名前			かんなさん
おかず			
野菜	トマト		
くだもの			いちご

上のヒントのことばに○をつけよう。
たとえば、①は「みかん」に○をつけるといいね。

上のヒントの②から考えるといいよ。
表のどこにあてはまるか考えよう。

2 れんさん、かなさん、みゆさん、りょうさんに、しょうらいのゆめ、好きな本、好きな教科、行きたいしせつをそれぞれ1つずつ聞くと、4人の答えに同じものはありませんでした。

次のヒントをもとに、表のあいているところをかきましょう。

---

① 算数が好きな人がいます。
② みゆさんは理科が好きで、飼育員になりたいそうです。
③ みゆさんは、伝記より図かんが好きです。
④ 研究者になりたいと思っている人は、好きな本が事典で、科学館に行って雲ができるしくみを知りたいと思っています。
⑤ 画集が好きな人は、教科では図画工作が好きです。
⑥ れんさんは、図画工作が好きで、美術館に行って絵やちょうこくを見たいと思っています。
⑦ 飼育員になりたいと思っている人は、動物園に行きたいと思っています。
⑧ 作家になりたいと思っている人は、博物館に行って歴史について調べたいと思っています。

名前	れんさん	かなさん		
しょうらいのゆめ	画家			
好きな本				伝記
好きな教科				社会
行きたいしせつ		科学館		

上のヒントと表にかいてあることを合わせて考えよう。

63

ぴったり1 じゅんび

3分でまとめ

10 四角形
① 直線の交わり方
② 直線のならび方

学習日　月　日

教科書 下7〜14ページ　答え 24ページ

✏️ 次の ◯ にあてはまる記号やことばをかきましょう。

◎ねらい　直線の交わり方を調べよう。　練習 ①②→

🐾 **垂直**

　2本の直線が直角に交わっているとき、この2本の直線は**垂直**であるといいます。

🐾 **垂直な直線のかき方**

　1組の三角定規を使って、1つの三角定規を直線にあわせて固定し、もう1つの三角定規の直角がある辺を直線にあわせてかくことができます。

1 右下の図で、2本の直線が垂直なのはどれですか。

とき方 三角定規の直角のところをあててみると、◯ の図が直角に交わっているから、2本の直線が垂直なのは ◯ だとわかります。

 あ
 い
 う

◎ねらい　2本の直線のならび方を調べよう。　練習 ①③④→

🐾 **平行**

1本の直線に垂直な2本の直線は、**平行**であるといいます。

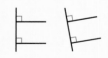

🐾 **平行な直線のせいしつ**

はば

はばはどこも等しいので、のばしても交わらない。

ほかの直線と等しい角度で交わる。

🐾 **平行な直線のかき方**

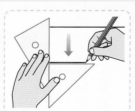

2 右下の図の点アを通り、直線①に平行な直線をかきましょう。

とき方 平行な直線は、◯ を使ってかきます。
　直線①に三角定規の辺をあわせて、もう1つの三角定規をおさえながらかきましょう。

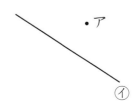
・ア

①

ぴったり2
練習

★できた問題には、「た」をかこう！★

でき ① でき ② でき ③ でき ④

学習日
月　　日

教科書　下7〜14ページ　　答え　24ページ

1 下の図で、垂直になっている直線はどれとどれですか。
また、平行になっている直線はどれとどれですか。

教科書　7ページ**1**、10ページ**1**

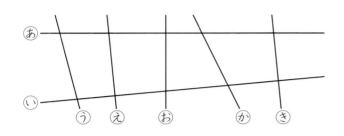

垂直 （　　　と　　　）
（　　　と　　　）
（　　　と　　　）
平行 （　　　と　　　）

2 点アを通り、直線①に垂直な直線をかきましょう。

教科書　9ページ**2**

3 下の図で、⑦、①の直線は平行です。
⑦、④、⑦の角度は、それぞれ何度ですか。

教科書　12ページ**2**

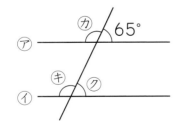

⑦ （　　　　　）
④ （　　　　　）
⑦ （　　　　　）

4 点アを通り、直線①に平行な直線をかきましょう。

教科書　13ページ**3**

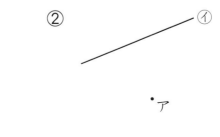

 **3** ⑦の角度と65°の角をあわせると、180°になります。

⑩ 四角形

③ いろいろな四角形

教科書 下 15〜20 ページ 答え 25 ページ

✎ 次の ◯ にあてはまる数やことば、記号をかきましょう。

ねらい 台形と平行四辺形の特ちょうを調べよう。 練習 ① ②→

🐾 **台形** 向かいあった1組の辺が平行な四角形

🐾 **平行四辺形** 向かいあった2組の辺が平行な四角形

平行四辺形では、向かいあった辺の長さは等しく、

向かいあった角の大きさも等しくなっています。

1 右の図のような台形のかき方を考えましょう。

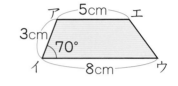

とき方 まず8cmの直線をひき、分度器で ◯ °の

角度をはかり、3cmの直線をひきます。

台形は、向かいあった1組の辺が ◯ であるので、辺イウに平行になるよう

に5cmの直線アエをかき、最後にエとウを直線で結びます。

2 右の図を使って、平行四辺形の2とおりのかき方を説明しましょう。

とき方 (1)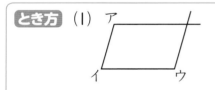

点アを通って辺イウに ◯ な直線

をひき、次に、点ウを通って辺 ◯

に平行な直線をひきます。

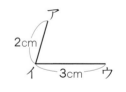

(2)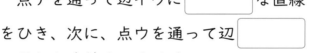

点ウから ◯ cm、点アから ◯ cmのとこ

ろに、コンパスを使って印をかきます。

ねらい ひし形の特ちょうを調べよう。 練習 ③ ④→

🐾 **ひし形** 4つの辺の長さがみんな等しい四角形

ひし形では、向かいあった辺は平行で、

向かいあった角の大きさは等しくなっています。

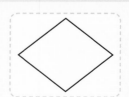

3 ひし形のかき方を考えましょう。

とき方 辺の長さや角の大きさをきめて、4つの辺の長さが等しくなるように、

◯ をかくときと同じかき方で、ひし形をかいていきます。

ぴったり 2
練習

★ できた問題には、「た」をかこう！★

でき 1 でき 2 でき 3 でき 4

学習日   月   日

教科書　下 15〜20 ページ　　答え　25 ページ

1 下の図の中から、台形と平行四辺形を選んで、（　）に記号をかきましょう。

教科書　15 ページ **1**

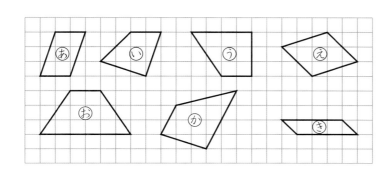

① 台形

（　　　　　）

② 平行四辺形

（　　　　　）

2 右の平行四辺形について答えましょう。

教科書　17 ページ **2**

① 辺アエ、辺ウエの長さは何 cm ですか。

辺アエ（　　　　　）

辺ウエ（　　　　　）

② 角ウ、角エの大きさは何度ですか。

角ウ（　　　　　）　　角エ（　　　　　）

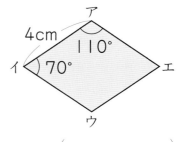

3 右のひし形について答えましょう。

教科書　19 ページ **4**

① 辺イウ、辺ウエの長さは何 cm ですか。

辺イウ（　　　　　）

辺ウエ（　　　　　）

② 角ウ、角エの大きさは何度ですか。

角ウ（　　　　　）　　角エ（　　　　　）

4 下の図のようなひし形をかきましょう。

教科書　20 ページ **5**

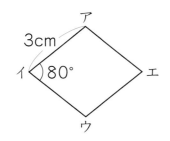

ヒント
2 辺アイと辺エウが平行になっています。
4 コンパスを使ってかくこともできます。

⑩ 四角形

④ 対角線

教科書　下 21〜22 ページ　答え　25 ページ

✏️ 次の◯にあてはまる記号やことばをかきましょう。

🎯ねらい　**対角線を覚えよう。**　　　練習❶→

🐾 **対角線**

四角形で、向かいあった頂点を結ぶ直線を

対角線といいます。

どんな四角形でも、対角線は 2 本あります。

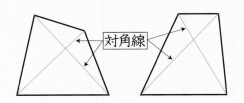
対角線

1 右の平行四辺形に対角線をかきましょう。

とき方　頂点アと頂点　　　　を結ぶ直線と、頂点イと

頂点　　　　を結ぶ直線をかきます。

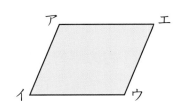

🎯ねらい　**いろいろな四角形の対角線の長さや交わり方を調べよう。**　練習❷❸→

🐾 **四角形の対角線**

四角形の対角線の長さや交わり方は、下の表のようになっています。

四角形の名前 対角線の特ちょう	台形	平行四辺形	ひし形	長方形	正方形
対角線の長さが等しい	×	×	×	○	○
対角線がそれぞれ交わった点で2等分されている	×	○	○	○	○
対角線が交わってできる角が直角	×	×	○	×	○

2　2 本の対角線の長さが等しく、交わってできる角が直角になっているのは、どんな四角形といえますか。

とき方　2 本の対角線の長さが等しいのは、長方形と　　　　です。

また、2 本の対角線が交わってできる角が直角になっているのは、

ひし形と　　　　です。　　　　　　　　　　　　答え　　　　　

両方にあてはまる四角形↗

📖 教科書 下 21〜22 ページ　⇒ 答え 26 ページ

1 　右の図のような四角形に、いくつかの直線をひきました。

これらの直線のうち、対角線であるものはどれですか。記号をかきましょう。　教科書 21 ページ 1

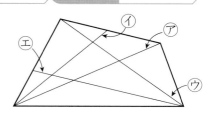

（　　　　　　）

2 　下の⑦から⑰の四角形の中から、次のとくちょうにあてはまるものを選びましょう。　教科書 21 ページ 1

四角形　　　　　　台形　　　　　　平行四辺形

ひし形　　　　　　長方形　　　　　　正方形

対角線の長さや交わり方を調べよう。

① 　対角線の長さが等しい四角形

（　　　　　　）

② 　対角線が交わってできる角が直角になっている四角形

（　　　　　　）

③ 　対角線がそれぞれ交わった点で２等分されている四角形

（　　　　　　）

3 　次の四角形は、それぞれどんな四角形といえますか。名前をかきましょう。　教科書 21 ページ 1

①
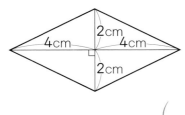

②
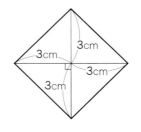

（　　　　　　）　　　　　　　　（　　　　　　）

ヒント　**3** 　対角線の交わった点からの長さに注意しましょう。
また、①も②も対角線が交わってできる角は直角です。

ぴったり3
たしかめのテスト

⑩ 四角形

時間 30 分
／100
ごうかく 80 点

教科書 下7〜26ページ 　答え 26ページ

知識・技能 　　　　　　　　　　　　　　　　　　　　 ／90点

1 右の図について答えましょう。　　　　　　　　各5点(10点)

① 垂直になっている直線はどれとどれですか。
全部かきましょう。

（　　　　　　　　　　　）

② 平行になっている直線はどれとどれですか。
全部かきましょう。

（　　　　　　　　　　　）

2 よく出る 右の図で、⑦と⑦の直線は平行です。　各5点(10点)

① ⑰の角度は何度ですか。

（　　　　　　　）

② ㋖の角度は何度ですか。

（　　　　　　　）

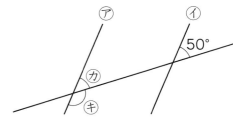

3 右の図のように、平行四辺形に直線をひきました。　各5点(10点)

① 四角形オカウエは、何という四角形ですか。

（　　　　　　　）

② 四角形アカウエは、何という四角形ですか。

（　　　　　　　）

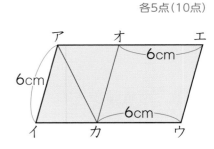

4 右のひし形について答えましょう。　　　　　　各5点(10点)

① 辺イウの長さは何cmですか。

（　　　　　　　）

② 角イの大きさは何度ですか。

（　　　　　　　）

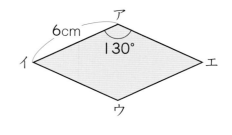

5 よく出る　下の表は、四角形の対角線や辺のとくちょうについてまとめたものです。
いつでもあてはまることに、○をつけましょう。

四角形各6点(30点)

	正方形	長方形	ひし形	平行四辺形	台形
① 対角線の長さが等しい					
② 対角線が交わってできる角が直角					
③ 対角線が交わった点で2等分される					

6 次の直線をかきましょう。

各6点(12点)

① 点アを通り、直線⑦に垂直な直線　　② 点アを通り、直線⑦に平行な直線

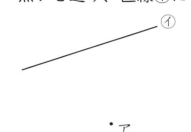

7 よく出る　下の図は、平行四辺形をとちゅうまでかいたものです。
続きをかいて、平行四辺形を完成させましょう。

(8点)

思考・判断・表現　　　　　　　　　／10点

できたらスゴイ!

8 2本の直線を、どれもまん中で交わるようにひきました。

各5点(10点)

① 右の2本の直線を対角線として四角形をかくと、
どんな四角形ができますか。

(　　　　　　　　)

② 右の2本の直線が垂直に交わるとき、それらを対
角線としてかいた四角形は、どんな四角形ですか。

(　　　　　　　　)

❶がわからないときは、64ページの❶❷にもどってかくにんしてみよう。

71

ぴったり1
じゅんび

3分でまとめ

⑪ 式と計算
① （ ）を使った式
② ＋、−、×、÷のまじった式

学習日　　　月　　　日

教科書　下 29〜33 ページ　　答え　27 ページ

次の▢にあてはまる数をかきましょう。

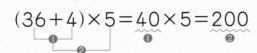 ねらい　2つの式を1つの式に表す方法を考えよう。　　練習 ①②③④→

🐾 （ ）のある式の計算

（ ）のある式では、（　　）の中をひとまとまりとみて、先に計算します。

$300-(40+120)=300-160=140$

(36+4)×5=40×5=200

①、②の順で
計算するよ。

1 (83−14)÷23 を計算しましょう。

とき方　(83−14)÷23
　　　＝▢÷23
　　　＝▢

先に（ ）の中を
計算します。

(83−14)÷23

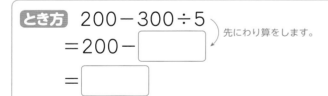 ねらい　計算の順序を整理しよう。　　練習 ④⑤→

🐾 ＋、−、×、÷のまじった式の計算

＋、−、×、÷のまじった式では、
かけ算やわり算から先に計算します。

$48÷6-2×3=8-6=2$

2 200−300÷5 を計算しましょう。

とき方　200−300÷5
　　　＝200−▢
　　　＝▢

先にわり算をします。

（ ）がなくても、
×や÷は、＋や−より先に
計算するよ。

3 1本 50 円のえんぴつを 5 本と、1 こ 40 円の消しゴムを 4 こ買いました。
代金は何円ですか。

とき方　（えんぴつの代金）＋（消しゴムの代金）＝（全部の代金）と考えて、
　　　50×^①▢＋40×^②▢＝^③▢＋^④▢
　　　　　　　　　　　　＝^⑤▢　　　　　　答え ^⑥▢ 円

教科書 下29〜33ページ　答え 27ページ

1 次の計算をしましょう。

教科書 29ページ **1**

① $65-(25+15)$

② $82+(59-29)$

③ $80-(150-90)$

④ $123-(71-18)$

2 次の計算をしましょう。

教科書 31ページ **2**

① $10×(42+3)$

② $(85-35)×20$

③ $(43+29)÷9$

④ $92÷(50-27)$

3 120円のアイスクリームが、40円引きで売っていたので、7こ買いました。代金は何円ですか。

（　）を使って１つの式に表して、答えを求めましょう。

教科書 31ページ **3**

式

答え（　　　　　）

4 次の計算をしましょう。

教科書 32ページ **1**、33ページ **2**

① $16+4×5$

② $30-24÷3$

③ $8×2+9÷3$

④ $16-8÷4×7$

⑤ $(95-15×4)÷5$

⑥ $12×(15-9)÷8$

5 １こ30円のガムを8こと、１こ25円のあめを10こ買いました。代金は何円ですか。

１つの式に表して、答えを求めましょう。

教科書 32ページ **1**

式

答え（　　　　　）

ヒント ⑤ ガムの代金とあめの代金をそれぞれ求めてからたします。

⏱

⑪ 式と計算

③ 計算のきまり

④ 式の表し方とよみ方

📖 教科書 下 34〜36 ページ　📥 答え 28 ページ

✏️ 次の◯にあてはまる数やことばをかきましょう。

🎯**ねらい** 同じ場面の２つの式について説明しよう。　練習 ❶❷❸➡

🐾 **（ ）を使った計算のきまり**

$(\square + \bigcirc) \times \triangle = \square \times \triangle + \bigcirc \times \triangle$　　　　$(\square - \bigcirc) \times \triangle = \square \times \triangle - \bigcirc \times \triangle$

1　◻️、◯にあてはまる数を求めましょう。　　$(4+3) \times 5 = \square \times 5 + \bigcirc \times 5$

とき方 上の（ ）を使った計算のきまりを使います。

$(4+3) \times 5 = \boxed{} \times 5 + \boxed{} \times 5$

🎯**ねらい** 計算のしかたをくふうしよう。　練習 ❶❷❸➡

🐾 **たし算やかけ算の計算のきまり**

たし算　　$\square + \bigcirc = \bigcirc + \square$　　　**かけ算**　　$\square \times \bigcirc = \bigcirc \times \square$

　　　　$(\square + \bigcirc) + \triangle = \square + (\bigcirc + \triangle)$　　　　　　$(\square \times \bigcirc) \times \triangle = \square \times (\bigcirc \times \triangle)$

2　◻️にあてはまる数を求めましょう。

(1)　$3 + 5 = 5 + \square$　　　　　　　　(2)　$(3 \times 5) \times 4 = 3 \times (5 \times \square)$

とき方 (1)　たし算のきまりを使います。　　$3 + 5 = 5 + \boxed{}$

(2)　かけ算のきまりを使います。　　$(3 \times 5) \times 4 = 3 \times \left(5 \times \boxed{}\right)$

🎯**ねらい** ●の数の求め方を、式と図を使って考えよう。　練習 ❹➡

🐾 **式の表し方とよみ方**

　同じ問題でも見方や考え方がちがうと、式がちがってきます。

3　右の図の黒玉と白玉をあわせた数は、$(3+2) \times 4$ で求めることが
できます。

　求め方を、図を使って説明しましょう。

とき方　$(3+2)$ は、たての黒玉と $\boxed{}$ を
あわせた数です。$(3+2)$ が $\boxed{}$ 列あるので、
全部の数は、$(3+2) \times 4$ で求められます。

(3+2)列

4列

ぴったり2
練習

★ できた問題には、「た」をかこう！★

でき ① でき ② でき ③ でき ④

学習日　　月　　日

📕教科書　下34〜36ページ　📄答え　28ページ

1 次の◯◯にあてはまる数をかきましょう。　教科書 34ページ**1**、35ページ**2**

① $(47+3)\times16=$ ◻ $\times16+$ ◻ $\times16$

② $(24-4)\times9=24\times$ ◻ $-$ ◻ $\times9$

③ $16+(24+37)=\left(16+$ ◻ $\right)+37$

④ $(39\times25)\times4=39\times\left($ ◻ $\times4\right)$

2 次の◯◯にあてはまる数をかきましょう。　教科書 35ページ**2**

① $12\times25=(3\times4)\times25$
　　　　$=3\times\left($ ◻ $\times25\right)$
　　　　$=3\times$ ◻
　　　　$=$ ◻

② $98\times3=(100-2)\times3$
　　　　$=100\times3-$ ◻ $\times3$
　　　　$=300-$ ◻
　　　　$=$ ◻

3 計算のきまりを使って、くふうして計算しましょう。　教科書 35ページ**2**

① $47+58+42$

② $150\times7\times2$

③ 28×25

④ 99×6

4 右の図の黒玉と白玉をあわせた数は、下の⑦、④のような式で求めることができます。

⑦　$4\times3+4\times4$

④　$(3+4)\times4$

⑦、④の式は、それぞれ下のどの図で考えたものですか。　教科書 36ページ**1**

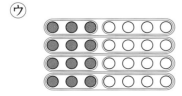
ウ

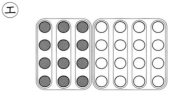
エ

⑦　(　　　　　)

④　(　　　　　)

3 ③ 28を7×4と考えます。　④ 99を100-1と考えます。

75

ぴったり3

11 式と計算

時間 **30** 分

／100

ごうかく **80** 点

教科書 下 29〜38 ページ　答え 28 ページ

知識・技能 ／66点

1 次の ☐ にあてはまる数をかきましょう。　各4点（12点）

① $21+(29+18)=(21+\boxed{})+18$

② $15×34+15×16=\boxed{}×(34+16)$

③ $(45-27)×8=45×\boxed{}-27×8$

2 よく出る 次の計算をしましょう。　各4点（24点）

① $74+(42-26)$ 　　② $92-(47+15)$

③ $235-(57-35)$ 　　④ $6×9+15÷3$

⑤ $40-13×3$ 　　⑥ $91÷7-3×4$

3 次の計算はどちらが正しいですか。　各3点（6点）

① ㋐ $25+5×3=90$ 　　② ㋐ $48-8÷4=10$
　 ㋑ $25+5×3=40$ 　　　 ㋑ $48-8÷4=46$

（　　　）　　　　　　　　（　　　）

4 よく出る 計算のきまりを使って、くふうして計算しましょう。　各4点（24点）

① $7.5+84+2.5$ 　　② $36×25$

③ $50×62×2$ 　　④ $51×8$

⑤ $98×6$ 　　⑥ $61×25-51×25$

思考・判断・表現　　　　　　　　　　　　　　　　　　　　／34点

5 よく出る 次の問題を、それぞれ１つの式に表し、答えを求めましょう。

式・答え 各4点(16点)

① 1000円札を持ってレストランへ行き、520円のカレーライスと280円の
ケーキを注文しました。
　　おつりは何円ですか。

式

答え（　　　　　　　）

② 色紙が500まいあります。185まい使って、残りの色紙を15人で同じ数ず
つ分けると、１人分は何まいになりますか。

式

答え（　　　　　　　）

6 あおいさんのグループは5人です。赤い色紙を１人に24まいずつ、青い色紙は
130まいを5人で同じ数ずつ分けました。
　　１人分の赤と青の色紙はあわせて何まいですか。
　　１つの式に表して求めましょう。

式・答え 各4点(8点)

式

答え（　　　　　　　）

できたらスゴイ！

7 右下の図の玉の数は、青と白をあわせていくつありますか。
　　１つの式に表し、答えを求めましょう。

式・答え 各5点(10点)

式

答え（　　　　　　　）

 ①がわからないときは、74ページの**1**にもどってかくにんしてみよう。

ふろくの「計算せんもんドリル」20〜21もやってみよう！

12 面積

① 広さの表し方

🖊 次の◻にあてはまる数をかきましょう。

🎯 **ねらい** 広さを数で表そう。　　練習 ① ② ③→

🐾 **広さのくらべ方**

　広さは重ねたり、大きさが同じ図形の数をかぞえたりすることでくらべることができます。

🐾 **面積**

　広さのことを**面積**といいます。

　面積は、１辺が１cm の正方形のいくつ分で表せます。

　１辺が１cm の正方形の面積を**平方センチメートル**といい、

１cm² とかきます。

　平方センチメートルは面積の単位です。

1 右の⑦と⑦の面積は、それぞれ何 cm²
ですか。

とき方 ⑦　１cm² が ◻① こ分で、

◻② cm² です。

⑦　１cm² が ◻③ こ分で、

◻④ cm² です。

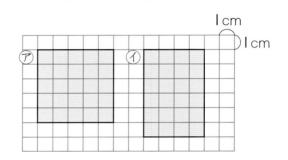

2 右の⑦と⑦の面積は、それぞれ何 cm²
ですか。

とき方 ⑦　◢ が２こ分で▢１こ分になります。

　　⑦の面積は１cm² が２こ分で、

◻① cm² です。

⑦　◢と◣で、▢１こ分になります。

　　⑦の面積は１cm² が２こ分で、◻② cm² です。

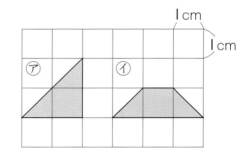

形はちがうけど、
面積は同じだね。

★ できた問題には、「た」をかこう！★

でき ① でき ② でき ③

📖 教科書 下 41～43 ページ　➡答え 30 ページ

1 次の □ にあてはまることばや記号をかきましょう。

教科書 42 ページ **2**

① 広さのことを □ といいます。

② |辺が|cm の正方形の面積を | □ といい、

| □ とかきます。

2 下の図を見て、次の問題に答えましょう。

教科書 42 ページ **2**

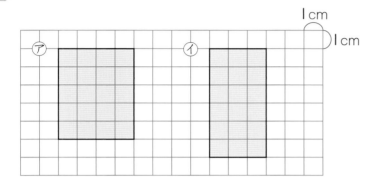

① |辺が|cm の正方形がそれぞれ何こありますか。

⑦ (　　　　)

⑦ (　　　　)

② ⑦と⑦の面積は、それぞれ何 cm² ですか。

⑦ (　　　　)

⑦ (　　　　)

！まちがい注意

3 次の図の面積は、それぞれ何 cm² ですか。

教科書 43 ページ **1**

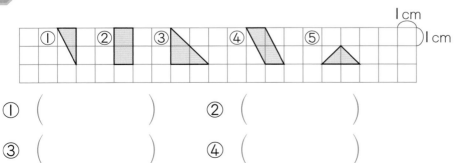

正方形や長方形の
半分とも考えられ
るよね。

① (　　　　)　② (　　　　)

③ (　　　　)　④ (　　　　)

⑤ (　　　　)

👁ヒント　❸ |辺が|cm の正方形がいくつ分かを考えます。

② 長方形と正方形の面積

✎ 次の◯にあてはまる数やことばをかきましょう。

◎ **ねらい** 面積を計算で求める方法を考えよう。　　練習 ❶ ❷ ❸ ➡

🐾 **長方形と正方形の面積の公式**

　長方形や正方形の面積は、たてと横の辺の長さをはかり、その数をかけて求めることができます。

　長方形や正方形の面積は、次のような公式で求められます。

長方形の面積＝たて×横

＝横×たて

正方形の面積＝１辺×１辺

1 次の長方形や正方形の面積を求めましょう。

(1)　たて４cm、横８cm の長方形

(2)　１辺が９cm の正方形

とき方 面積の公式を使って求めてみましょう。

(1)　4×◯　=◯
　　　たて×　横　=　長方形の面積

答え ◯ cm²

(2)　9×◯　=◯
　　　１辺×　１辺　=　正方形の面積

答え ◯ cm²

2 右の図のように、面積が 40 cm² で、横の長さが 8 cm の長方形をかくには、たての長さを何 cm にすればよいですか。

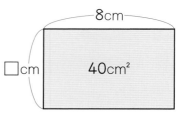

8cm
□cm　40cm²

とき方 長方形の面積の公式は、たて×横なので、
たての長さを□ cm として式をつくります。

　□×◯①　=◯②

　□を求めるには、◯③　算をして答えを求めます。

　計算すると、□=◯④　となります。

答え ◯⑤ cm

★ できた問題には、「た」をかこう！★

でき ① でき ② でき ③

教科書　下44～46ページ　答え　30ページ

1 次の長方形や正方形の面積を求めましょう。

教科書 44ページ **1**

①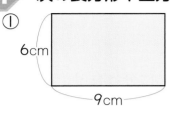
6cm
9cm

②
8cm
8cm

(　　　　　　)　　　　　　(　　　　　　)

2 次の長さを求めましょう。

教科書 46ページ **2**

① 面積が48cm² で、たての長さが8cm の長方形の横の長さ

(　　　　　　)

横の長さを
□cm とすると、
8×□＝48 だね。

② 面積が96cm² で、横の長さが12cm の長方形のたての長さ

(　　　　　　)

3 まわりの長さが10cm になるように、長方形をつくります。下の図にあてはまる数をかきましょう。

教科書 46ページ **3**

たての長さ（cm）	横の長さ（cm）	面積（cm²）
1	4	③
2	3	④
3	①	⑤
4	②	⑥

ヒント　**3** ① まわりの長さが10cm の長方形の、たての長さと横の長さの和は5cm になります。

81

教科書 下 47〜49 ページ　　答え 31 ページ

✏ 次の □ にあてはまる数やことばをかきましょう。

◎ねらい └┘のような形の面積の求め方を考えよう。　　練習 ①②→

🐾 面積の求め方のくふう

　長方形や正方形を組みあわせた形の面積は、長方形や正方形に分けたり、へこんでいるところをおぎなったりして、面積の公式が使えるようにくふうします。

求め方1　小さな長方形や正方形に分けて考える。
　　　　　㋐と㋑の長方形の面積をたす。

求め方2　大きな長方形や正方形から、へこんだ部分をひいてみる。
　　　　　大きな長方形㋒から㋓の長方形をひいて、面積を求める。

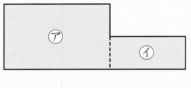

1 右の図のような形の面積を求めましょう。

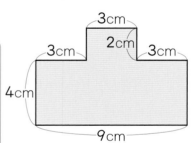

とき方　左の図のように、㋐と㋑の長方形に分けて、それぞれの面積を求めて、たします。

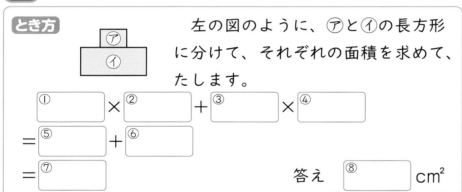

　①□ × ②□ + ③□ × ④□

= ⑤□ + ⑥□

= ⑦□　　　　　答え ⑧□ cm²

2 右の図のような形の面積を求めましょう。

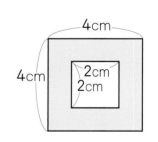

とき方　大きい正方形の面積から、小さい正方形の面積をひけばよいと考えます。

　①□ × ②□ − ③□ × ④□

= ⑤□ − ⑥□ = ⑦□

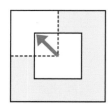

答え ⑧□ cm²

　左の図のように、まん中の白い部分を動かして求めても、面積は変わ ⑨□ 。

教科書 下 47～49 ページ ▸ 答え 31 ページ

1 次の図のような形の面積を求めましょう。

教科書 47 ページ **1**

①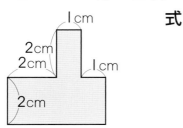

式

答え（　　　　　　　）

②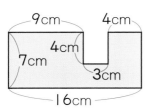

式

答え（　　　　　　　）

③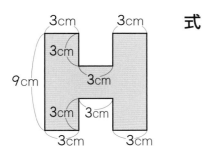

式

答え（　　　　　　　）

2 右の図のような形の面積を求めるのに、3とおりの式で計算しました。

どのように考えて求めたか、分けている部分やおぎなっている部分がわかるように線をひきましょう。

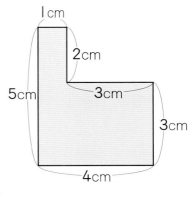

教科書 49 ページ **1** ▸

① 2×1＋3×4＝14

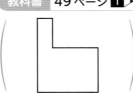

② 5×4－2×3＝14

③ 5×1＋3×3＝14

2 ①と③は2つの面積をたしているので、長方形や正方形に分けています。
②は面積をひいているので、へこんだ部分をおぎなっています。

83

12 面積

④ 大きな面積の単位

教科書 下50～56ページ　答え 31ページ

✏ 次の◻にあてはまる数をかきましょう。

◎ねらい　広い面積の表し方を調べよう。　練習 ❶❷❻→

🐾 **面積の単位　平方メートル**

$1m^2 = 10000cm^2$

1辺が1mの正方形の面積を、**1平方メートル**といい、**1m²**とかきます。

1 たて3m、横7mの長方形の面積を求めましょう。

とき方 長方形の面積の公式にあてはめます。

式　$\boxed{①}$ × $\boxed{②}$ = $\boxed{③}$
　　　たて　　　横　　　長方形の面積

答え $\boxed{④}$ m²

◎ねらい　さらに広い面積の表し方を調べよう。　練習 ❸❻→

🐾 **面積の単位　平方キロメートル**

$1km^2 = 1000000m^2$

1辺が1kmの正方形の面積を、**1平方キロメートル**といい、**1km²**とかきます。

2 たてが3km、横が8kmの長方形の形をした土地の面積を求めましょう。

とき方 長方形の面積の公式にあてはめます。

式　$\boxed{①}$ × $\boxed{②}$ = $\boxed{③}$
　　　たて　　　横　　　長方形の面積

答え $\boxed{④}$ km²

◎ねらい　大きな面積をわかりやすく表そう。　練習 ❹❺❻→

🐾 **面積の単位　アール、ヘクタール**

1辺が10mの正方形の面積を、**1アール**といい、**1a**とかきます。1辺が100mの正方形の面積を、**1ヘクタール**といい、**1ha**とかきます。

$1a = 100m^2$
$1ha = 10000m^2$
$= 100a$

3 次の土地の面積を、（　）の中の単位で求めましょう。

(1) 1辺が60mの正方形の形をした土地　（a）

(2) たて200m、横800mの長方形の形をした土地　（ha）

とき方 (1)　$60 \times \boxed{}$ = $\boxed{}$ （m²）　➡　$\boxed{}$ a
　　　　　　1辺　　　1辺　　　　　　→100m²＝1a→

(2)　$200 \times \boxed{}$ = $\boxed{}$ （m²）　➡　$\boxed{}$ ha
　　　　たて　　横　　　　　　　　　→10000m²＝1ha→

教科書　下 50〜56 ページ　　答え　31 ページ

1 次の長方形や正方形の面積は何 m² ですか。　　教科書 50 ページ 1

① たて 8 m、横 12 m の長方形

式

答え（　　　　　　　）

② 1 辺が 7 m の正方形

式

答え（　　　　　　　）

2 たて 150 cm、横 2 m の長方形があります。　　教科書 51 ページ 3

① この長方形の面積は、何 cm² ですか。

式

答え（　　　　　　　）

② この長方形の面積は、何 m² ですか。

（　　　　　　　）

3 たて 2 km、横 4 km の長方形の形をした土地の面積は、何 km² ですか。

教科書 53 ページ 5

式

答え（　　　　　　　）

4 たて 80 m、横 150 m の長方形の形をした土地の面積は、何 a ですか。

教科書 54 ページ 7

式

答え（　　　　　　　）

5 たて 300 m、横 700 m の長方形の形をした土地の面積は、何 ha ですか。

教科書 54 ページ 8

式

答え（　　　　　　　）

6 次の □ にあてはまる数をかきましょう。　　教科書 55 ページ 9

① 20000 cm² = □ m²　　　② 3 km² = □ m²

③ 1800 m² = □ a　　　　④ 720 a = □ ha

ヒント　2 ① 単位がちがうときは、単位をそろえて計算します。

ぴったり3

⑫ 面積

時間 30 分

／100

ごうかく 80 点

教科書 下 41〜58、152 ページ　答え 32 ページ

知識・技能 ／82点

1 面積の単位 m²、km²、ha の中から、次の面積にいちばんふさわしい単位を選んでかきましょう。 各3点(12点)

① 牧場の面積　466 ⬚

② 町の面積　56 ⬚

③ 花だんの面積　12 ⬚

④ 教室の面積　64 ⬚

2 次の ⬚ にあてはまる数をかきましょう。 各3点(18点)

① 24 m² = ⬚ cm²

② 56 km² = ⬚ m²

③ 6400000 cm² = ⬚ m²

④ 182000000 m² = ⬚ km²

⑤ 860000 m² = ⬚ a

⑥ 9400000 m² = ⬚ ha

3 よく出る 次の問題に答えましょう。 式・答え 各4点(40点)

① 1辺が 15 cm の正方形の面積は何 cm² ですか。

式

答え（　　　　　　）

② たて 19 m、横 24 m の長方形の面積は何 m² ですか。

式

答え（　　　　　　）

③ たて 26 km、横 18 km の長方形の形をした市の面積は何 km² ですか。

式

答え（　　　　　　）

④ たて 2 km、横 12 km の長方形の形をした牧場の面積は何 ha ですか。

式

答え（　　　　　　）

⑤ たて 40 m、横 60 m の長方形の形をした畑の面積は何 a ですか。

式

答え（　　　　　　）

4 よく出る 次の長さを求めましょう。　　式・答え 各3点(12点)

① 面積が 270 cm² で、たての長さが 15 cm の長方形の横の長さ

式

答え （　　　　　）

② 面積が 672 m² で、横の長さが 21 m の長方形のたての長さ

式

答え （　　　　　）

思考・判断・表現　　　　　　　　　　　　　　／18点

できたらスゴイ！

5 たて 32 m、横 18 m の長方形があります。
面積はそのままで、横の長さを 24 m に変えると、たての長さは何 m になりますか。
また、どんな形になりますか。　　式・答え 各4点(12点)

式

答え　長さ（　　　　　）　形（　　　　　）

6 次の図のような形の面積を求めましょう。　　各3点(6点)

①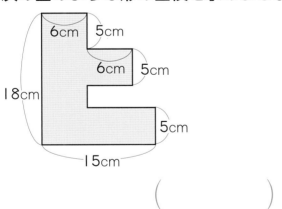

（　　　　　）

②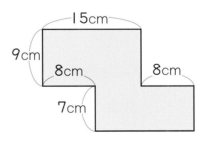

（　　　　　）

はってん **算数マイトライ　ぐっとチャレンジ**　　教科書 下 152 ページ

1 右の直角三角形の面積を求めましょう。
　　たて 5 cm、横 4 cm の長方形の面積の半分と
考えます。

① 5 × ② 4 ÷ ③ □ = ④ □ (cm²)

◀長方形の面積は、
　　たて×横
直角三角形の面積は、
長方形の半分と考えて
たて×横÷2

ふりかえり 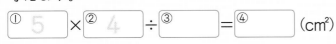 **1** がわからないときは、84 ページの **1** にもどってかくにんしてみよう。

ぴったり 1

じゅんび

3分でまとめ

⑬ 分数

① いろいろな分数

教科書 下61〜65ページ　答え 33ページ

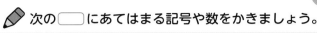 次の◯にあてはまる記号や数をかきましょう。

ねらい 1より大きい分数の表し方を考えよう。　練習 ①→

分子が分母より小さい分数を**真分数**といいます。

（1より小さい）

分子が分母と等しいか、分子が分母より大きい分数を**仮分数**といいます。　（1と等しいか、1より大きい）

整数と真分数をあわせた分数を、**帯分数**といいます。

（1より大きい）

$$\frac{1}{3} \quad \frac{2}{5} \quad \frac{3}{8}$$

$$\frac{3}{3} \quad \frac{9}{7} \quad \frac{13}{9}$$

$$2\frac{2}{3} \quad 5\frac{1}{4} \quad 1\frac{7}{8}$$

1 次の分数を真分数、仮分数、帯分数に分けましょう。

ⓐ $\frac{6}{7}$　　ⓘ $\frac{9}{8}$　　ⓤ $\frac{1}{4}$　　ⓔ $2\frac{1}{2}$　　ⓞ $\frac{7}{7}$

とき方 真分数は、分子が分母より小さい分数だから、◯① □ と ◯② □ です。

仮分数は、分子が分母と等しいか、分子が分母より大きい分数だから、

◯③ □ と ◯④ □ です。

帯分数は、整数と真分数をあわせた分数だから、◯⑤ □ です。

ねらい 仮分数を帯分数に、帯分数を仮分数になおす方法を考えよう。　練習 ②③④⑤→

🐾 仮分数を帯分数になおす

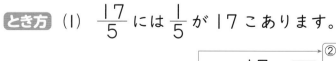

$\frac{7}{3}$ ➡ 7 ÷ 3 = 2 あまり 1　　$\frac{7}{3} = 2\frac{1}{3}$

🐾 帯分数を仮分数になおす

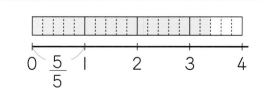

$2\frac{1}{4}$ ➡ 4 × 2 + 1 = 9　　$2\frac{1}{4} = \frac{9}{4}$

2 (1) $\frac{17}{5}$ を帯分数に、(2) $2\frac{1}{3}$ を仮分数になおしましょう。

とき方 (1) $\frac{17}{5}$ には $\frac{1}{5}$ が 17 こあります。

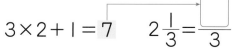

17 ÷ 5 = 3 あまり 2　　$\frac{17}{5} = \boxed{①}\frac{\boxed{②}}{5}$

(2) $2\frac{1}{3}$ には $\frac{3}{3}$ が 2 つと $\frac{1}{3}$ が 1 つあります。

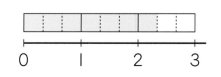

3 × 2 + 1 = 7　　$2\frac{1}{3} = \frac{\boxed{}}{3}$

ぴったり 2
練習

☆ できた問題には、「た」をかこう！☆
でき 1　でき 2　でき 3　でき 4　でき 5

学習日
月　　日

教科書　下 61〜65 ページ　　答え　33 ページ

1 次の分数を真分数、仮分数、帯分数に分けましょう。　　教科書 63 ページ **2**

あ $\frac{8}{5}$　　い $\frac{2}{3}$　　う $1\frac{3}{4}$　　え $\frac{4}{12}$　　お $2\frac{3}{5}$　　か $\frac{9}{8}$　　き $\frac{10}{10}$　　く $\frac{5}{9}$

真分数 (　　　　　　　　　)

仮分数 (　　　　　　　　　)

帯分数 (　　　　　　　　　)

2 次の仮分数を、帯分数になおしましょう。　　教科書 64 ページ **3**

① $\frac{8}{3}$　　　　　② $\frac{11}{4}$　　　　　③ $\frac{18}{7}$

(　　　　　)　　　　(　　　　　)　　　　(　　　　　)

3 次の帯分数を、仮分数になおしましょう。　　教科書 64 ページ **3**

① $1\frac{1}{6}$　　　　　② $2\frac{2}{5}$　　　　　③ $3\frac{5}{8}$

(　　　　　)　　　　(　　　　　)　　　　(　　　　　)

4 次の □ にあてはまる等号や不等号をかきましょう。　　教科書 65 ページ **4**

① $\frac{30}{7}$ □ $5\frac{1}{7}$　　　　② $\frac{24}{5}$ □ $4\frac{3}{5}$　　　　③ $\frac{20}{6}$ □ $3\frac{2}{6}$

5 (　) の中の分数を、小さい順にならべましょう。　　教科書 65 ページ **5**

① $\left(\frac{9}{5}、2\frac{1}{5}、1\right)$　　　　　② $\left(2、\frac{7}{4}、2\frac{3}{4}\right)$

(　　　　　　　　)　　　　(　　　　　　　　)

ヒント　　**4** 仮分数か帯分数のどちらかにそろえて、大きさをくらべます。

② **分数の大きさ**

教科書　下66〜67ページ　答え　34ページ

✏ 次の◯◯にあてはまる数やことばをかきましょう。

ねらい 分数の大きさについて調べよう。　　練習 ①②→

🐾 **等しい分数**

　分数では、分母や分子がちがっていても、大きさの等しい分数があります。

　右の数直線で、たてに同じ位置（いち）にある分数は、大きさの等しい分数です。

$$\frac{1}{3}=\frac{2}{6}=\frac{3}{9} \qquad \frac{1}{2}=\frac{3}{6} \qquad \frac{2}{3}=\frac{4}{6}=\frac{6}{9}$$

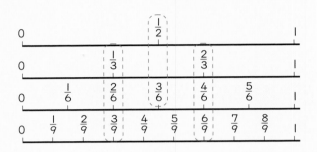

1 　右の数直線を見て、$\frac{3}{8}$、$\frac{1}{4}$、$\frac{1}{3}$、$\frac{2}{8}$ の中から大きさの等しい分数を見つけましょう。

とき方 たてに同じ位置にある分数が、大きさの等しい分数です。

◯◯ と ◯◯ が、大きさの等しい分数です。

ねらい 分数の大きさがわかるようにしよう。　　練習 ③④→

🐾 **分母が同じ分数の大小**

　分母が同じなら、分子が大きくなると、分数は大きくなります。

　分母が3の分数を小さい順（じゅん）にならべると、$\frac{1}{3}$、$\frac{2}{3}$、$\frac{3}{3}$ ← 分子が大きくなると、分数も大きくなる。

🐾 **分子が同じ分数の大小**

　分子が同じなら、分母が大きくなると、分数は小さくなります。

　分子が5の分数を大きい順にならべると、$\frac{5}{6}$、$\frac{5}{7}$、$\frac{5}{8}$ ← 分母が大きくなると、分数が小さくなる。

2 　$\frac{1}{7}$、$\frac{6}{7}$、$\frac{3}{7}$、$\frac{2}{7}$ を大きい順にならべましょう。

とき方 分子が ① ◯◯ い順にならべると、② ◯◯、$\frac{3}{7}$、③ ◯◯、④ ◯◯

ぴったり 2
練習

★ できた問題には、「た」をかこう！ ★

でき ① でき ② でき ③ でき ④

学習日　　月　　日

教科書　下 66〜67 ページ　　答え　34 ページ

1 次の図を見て、大きさの等しい分数になるように □ にあてはまる数をかきましょう。

教科書　66 ページ **1**

①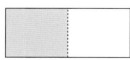

$$\frac{1}{2} = \frac{\boxed{}}{8}$$

②
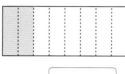

$$\frac{1}{4} = \frac{\boxed{}}{8}$$

③

$$\frac{\boxed{}}{4} = \frac{6}{8}$$

2 右の数直線を見て、次の分数と大きさの等しい分数をかきましょう。

教科書　66 ページ **2**

① $\dfrac{4}{6}$

（　　　　　）

② $\dfrac{3}{4}$

（　　　　　）

3 次の分数を、小さい順にならべましょう。

教科書　67 ページ **2**

$$\frac{5}{5} \qquad \frac{3}{5} \qquad \frac{1}{5} \qquad \frac{2}{5} \qquad \frac{4}{5}$$

（　　　　　　　　　　　　　　　）

4 次の分数を、大きい順にならべましょう。

教科書　67 ページ **2**

$$\frac{7}{3} \qquad \frac{7}{8} \qquad \frac{7}{2} \qquad \frac{7}{11} \qquad \frac{7}{4} \qquad \frac{7}{7}$$

（　　　　　　　　　　　　　　　）

ヒント
③ 分母が同じなら、分子が大きくなると、分数は大きくなります。
④ 分子が同じなら、分母が大きくなると、分数は小さくなります。

91

③ 分数のたし算とひき算

教科書 下 68〜70 ページ 　答え 34 ページ

✏ 次の□にあてはまる数をかきましょう。

◎ねらい 分数のたし算のしかたを考えよう。 　練習 ❶❸❹➡

🐾 $\dfrac{2}{5}+\dfrac{4}{5}$ の計算のしかた

$\dfrac{2}{5}\cdots\dfrac{1}{5}$ が2こ

$\dfrac{4}{5}\cdots\dfrac{1}{5}$ が4こ

$\dfrac{1}{5}$ が6こで $\dfrac{6}{5}$ 　→　$\dfrac{2}{5}+\dfrac{4}{5}=\dfrac{6}{5}=1\dfrac{1}{5}$
2+4=6

答えが仮分数に
なったら、帯分数に
なおしてもいいよ。

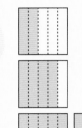

$\dfrac{6}{5}=1\dfrac{1}{5}$

1 $1\dfrac{2}{7}+2\dfrac{3}{7}$ の計算のしかたを考えましょう。

とき方 整数どうし、分数どうしを計算すると、$1\dfrac{2}{7}+2\dfrac{3}{7}=①\dfrac{②}{7}$

帯分数を仮分数になおして計算すると、

$1\dfrac{2}{7}+2\dfrac{3}{7}=\dfrac{9}{7}+\dfrac{17}{7}=\dfrac{③}{7}=④\dfrac{⑤}{7}$

◎ねらい 分数のひき算のしかたを考えよう。 　練習 ❷❺❻➡

🐾 $\dfrac{8}{5}-\dfrac{4}{5}$ の計算のしかた

$\dfrac{8}{5}\cdots\dfrac{1}{5}$ が8こ

$\dfrac{4}{5}\cdots\dfrac{1}{5}$ が4こ

$\dfrac{1}{5}$ が4こで $\dfrac{4}{5}$ 　→　$\dfrac{8}{5}-\dfrac{4}{5}=\dfrac{4}{5}$
8−4

分母が同じ分数のたし算や
ひき算は、分母はそのままに
して、分子だけ計算するよ。

2 $1\dfrac{2}{5}-\dfrac{3}{5}$ を計算しましょう。

とき方 $1\dfrac{2}{5}$ を仮分数になおして計算します。

$1\dfrac{2}{5}-\dfrac{3}{5}=\dfrac{①}{5}-\dfrac{3}{5}=\dfrac{②}{5}$

帯分数のままだと
計算できないことも
あるんだね。

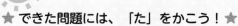

★ できた問題には、「た」をかこう！★

でき 1　でき 2　でき 3　でき 4　でき 5　でき 6

📖 教科書　下 68〜70 ページ　➡️ 答え　34 ページ

1 たし算をしましょう。

教科書 68ページ 1

① $\dfrac{3}{4} + \dfrac{2}{4}$

② $\dfrac{5}{7} + \dfrac{6}{7}$

③ $\dfrac{2}{9} + \dfrac{8}{9}$

2 ひき算をしましょう。

教科書 68ページ 2

① $\dfrac{4}{3} - \dfrac{2}{3}$

② $\dfrac{9}{7} - \dfrac{3}{7}$

③ $\dfrac{9}{6} - \dfrac{5}{6}$

3 たし算をしましょう。

教科書 69ページ 3

① $1\dfrac{1}{4} + 2\dfrac{2}{4}$

② $2\dfrac{1}{9} + 1\dfrac{1}{9}$

③ $3\dfrac{1}{5} + 1\dfrac{3}{5}$

4 たし算をしましょう。

教科書 69ページ 4

① $1\dfrac{4}{5} + \dfrac{3}{5}$

② $\dfrac{6}{7} + 1\dfrac{5}{7}$

③ $2\dfrac{5}{8} + 1\dfrac{6}{8}$

④ $1\dfrac{7}{9} + 2\dfrac{5}{9}$

⑤ $1\dfrac{2}{6} + \dfrac{4}{6}$

⑥ $1\dfrac{2}{5} + 2\dfrac{3}{5}$

5 ひき算をしましょう。

教科書 70ページ 5

① $2\dfrac{4}{7} - 1\dfrac{2}{7}$

② $1\dfrac{7}{8} - \dfrac{5}{8}$

③ $3\dfrac{6}{7} - 2\dfrac{4}{7}$

6 ひき算をしましょう。

教科書 70ページ 6

① $1\dfrac{1}{9} - \dfrac{2}{9}$

② $2\dfrac{1}{5} - 1\dfrac{4}{5}$

③ $4\dfrac{2}{4} - 1\dfrac{3}{4}$

④ $2\dfrac{4}{7} - \dfrac{4}{7}$

⑤ $1 - \dfrac{2}{3}$

⑥ $3 - 1\dfrac{3}{8}$

ヒント
4 答えが整数と仮分数をあわせた分数にならないようにしましょう。
6 帯分数を仮分数になおして計算しましょう。

93

ぴったり3
たしかめのテスト

⑬ 分数

時間 30 分
/100
ごうかく 80 点

教科書 下 61～73 ページ　答え 35 ページ

知識・技能　　　　　　　　　　　　　　　　　　　　　　　　　　　／90点

1 次の分数を真分数、仮分数、帯分数に分けましょう。　　　　　各3点(9点)

あ $\dfrac{5}{6}$　　　い $\dfrac{5}{8}$　　　う $\dfrac{17}{10}$　　　え $3\dfrac{1}{2}$

お $\dfrac{4}{4}$　　　か $\dfrac{2}{7}$　　　き $4\dfrac{5}{9}$　　　く $1\dfrac{1}{2}$

真分数 （　　　　　　　　　）

仮分数 （　　　　　　　　　）

帯分数 （　　　　　　　　　）

2 下の数直線を使って、□ にあてはまる数をかきましょう。　　　各3点(9点)

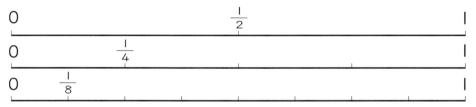

① $\dfrac{2}{8} = \dfrac{\boxed{}}{4}$　　　② $\dfrac{2}{4} = \dfrac{1}{\boxed{}}$　　　③ $\dfrac{1}{2} = \dfrac{4}{\boxed{}}$

3 よく出る 仮分数は帯分数に、帯分数は仮分数になおしましょう。　　各3点(12点)

① $\dfrac{12}{5}$　　　② $\dfrac{10}{9}$　　　③ $1\dfrac{1}{7}$　　　④ $2\dfrac{3}{4}$

（　　　　）（　　　　）（　　　　）（　　　　）

4 よく出る （　）の中の分数を、大きい順にならべましょう。　　各3点(6点)

① $\left(\dfrac{10}{11},\ \dfrac{8}{11},\ \dfrac{13}{11} \right)$　　　② $\left(\dfrac{3}{5},\ \dfrac{3}{10},\ \dfrac{3}{9} \right)$

（　　　　　　　　　）　　　　　　（　　　　　　　　　）

5 たし算をしましょう。　　　　　　　　　　　各3点（27点）

① $\dfrac{3}{7}+\dfrac{5}{7}$　　　　② $\dfrac{4}{8}+\dfrac{5}{8}$　　　　③ $\dfrac{3}{5}+\dfrac{4}{5}$

④ $1\dfrac{1}{5}+\dfrac{3}{5}$　　　　⑤ $\dfrac{2}{9}+1\dfrac{3}{9}$　　　　⑥ $3\dfrac{2}{8}+1\dfrac{5}{8}$

⑦ $2\dfrac{5}{7}+\dfrac{4}{7}$　　　　⑧ $1\dfrac{5}{9}+2\dfrac{5}{9}$　　　　⑨ $2\dfrac{1}{6}+3\dfrac{5}{6}$

6 ひき算をしましょう。　　　　　　　　　　　各3点（27点）

① $\dfrac{8}{7}-\dfrac{3}{7}$　　　　② $\dfrac{12}{11}-\dfrac{5}{11}$　　　　③ $1\dfrac{7}{8}-\dfrac{5}{8}$

④ $3\dfrac{6}{7}-1\dfrac{5}{7}$　　　　⑤ $3\dfrac{5}{8}-2\dfrac{2}{8}$　　　　⑥ $4\dfrac{5}{9}-1\dfrac{5}{9}$

⑦ $2\dfrac{1}{5}-\dfrac{3}{5}$　　　　⑧ $2\dfrac{1}{9}-1\dfrac{4}{9}$　　　　⑨ $1-\dfrac{5}{9}$

思考・判断・表現　　　　　　　　　　　　　　　／10点

できたらスゴイ！

7 大きなびんに $\dfrac{2}{3}$ L の牛乳（ぎゅうにゅう）がはいっています。このびんに $\dfrac{5}{3}$ L の牛乳を入れました が、すぐ $1\dfrac{1}{3}$ L の牛乳を使いました。

　びんの中の牛乳は何 L になりましたか。　　　　　　　式・答え　各5点（10点）

式

　　　　　　　　　　　　　　　　　　答え（　　　　　　　）

はってん なるほど算数　分数を使って時間を表してみよう　　　教科書 下73ページ

1 60分は1時間だから、1分は $\dfrac{1}{60}$ 時間と表すことができます。

　　□にあてはまる数をかきましょう。

① 20分＝ $\dfrac{\boxed{}}{60}$ 時間

② 20分＝ $\dfrac{1}{\boxed{}}$ 時間

◀②20分は、60分を 3等分したうちの1 つ分です。

ふりかえり ①がわからないときは、88ページの①にもどってかくにんしてみよう。

この本の終わりにある「冬のチャレンジテスト」をやってみよう！

ふろくの「計算せんもんドリル」35〜40 もやってみよう！

ぴったり **1**
じゅんび

3分でまとめ

14 変わり方

変わり方

学習日　月　日

| 教科書 | 下 79～85 ページ | 答え | 37 ページ |

✎ 次の ◻ にあてはまる数をかきましょう。

◎ **ねらい** たての長さと横の長さの変わり方の関係を考えよう。　練習 **① ②** →

🐾 **変わり方を表す式**

右のような2つの数の関係を、たての長さを □ cm、横の長さを △ cm として、式に表すことができます。

たての長さ ＋ 横の長さ ＝ 8
□ 　＋　 △ 　＝ 8

> まわりの長さが 16 cm の長方形や正方形のたてと横の長さの関係

たての長さ（cm）	1	2	3	4	5
横の長さ（cm）	7	6	5	4	3

8　8　8　8　8

1 まわりの長さが 24 cm の長方形や正方形の、たての長さと横の長さにどんな関係があるか調べましょう。

(1) たての長さを □ cm、横の長さを △ cm として、□ と △ の関係を式に表しましょう。

(2) たての長さが 8 cm のとき、横の長さは何 cm ですか。

たての長さ（cm）	1	2	3	4
横の長さ（cm）	11	10	9	8

とき方 (1) ことばの式に表して、□ と △ をあてはめます。

たての長さ ＋ 横の長さ ＝ 12

□ 　＋　 △ 　＝ ◻ ──まわりの長さの半分

横
たて ◻

(2) 上の式の□に 8 をあてはめると、①◻ ＋△＝12

△＝12−②◻ ＝③◻

答え ④◻ cm

2 たての長さが 3 cm、横の長さが □ cm、面積が △ cm² の長方形があります。

(1) □ と △ の関係を式に表しましょう。

(2) 面積が 24 cm² のとき、横の長さは何 cm ですか。

とき方 (1) ことばの式に表して、□ と △ をあてはめます。

たての長さ × 横の長さ ＝ 面積

◻ 　×　 □ 　＝ △

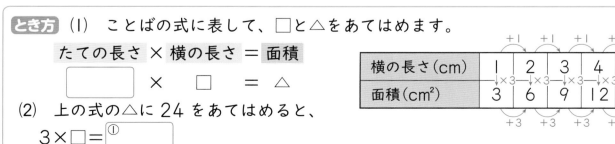

横の長さ（cm）	1	2	3	4	5
面積（cm²）	3	6	9	12	15

(2) 上の式の△に 24 をあてはめると、

3×□＝①◻

□＝24÷②◻ ＝③◻

答え ④◻ cm

教科書　下79〜85ページ　　答え　37ページ

1 けんたさんとお兄さんの誕生日は同じです。けんたさんが4才のとき、お兄さんは7才でした。けんたさんの年れいとお兄さんの年れいにどんな関係があるか調べましょう。

教科書 81ページ ❷

① けんたさんの年れいとお兄さんの年れいの関係を表にしましょう。

けんたさんの年れい（才）	1	2	3	4	5	6	7
お兄さんの年れい（才）				7			

② けんたさんの年れいを□才、お兄さんの年れいを△才として、□と△の関係を式に表します。

次の式の　　　にあてはまる数をかきましょう。

$$□ + \boxed{} = △$$

③ けんたさんが12才のとき、お兄さんの年れいは何才ですか。

（　　　　　　）

2 1本90円のえんぴつを買うとき、えんぴつの数と代金にどんな関係があるか調べましょう。

教科書 83ページ ❸

① えんぴつの数と代金の関係を表にしましょう。

えんぴつの数（本）	1	2	3	4	5
代金（円）					

② えんぴつの数を□本、代金を△円として、□と△の関係を式に表しましょう。

（　　　　　　）

③ えんぴつの数が8本のとき、代金は何円ですか。

（　　　　　　）

④ 代金が540円のとき、えんぴつの数は何本ですか。

（　　　　　　）

ヒント　❶ ③　②でつくった式の□に12をあてはめます。
　　　　　　❷ ③④　②でつくった式の□や△に数をあてはめます。

知識・技能　　　　　　　　　　　　　　　　　　　　　　　　/76点

1 次の□と△の関係を表している式を、それぞれ下のⓐからⓒの中から答えましょう。

各4点（12点）

① 50円のガムを買って□円出したときのおつり△円

（　　　　　　　　）

② 50円のあめと□円のクッキーを買ったときの代金△円

（　　　　　　　　）

③ 1こ50円のラムネを□こ買ったときの代金△円

（　　　　　　　　）

ⓐ 50＋□＝△	ⓘ □－50＝△	ⓒ 50×□＝△

2 ♪く出る まわりの長さが 30cm の長方形のたての長さと横の長さにどんな関係があるか調べましょう。

1問8点（32点）

① たての長さと横の長さを調べて、下の表にまとめましょう。

たての長さ（cm）	1	2	3	4	5	6
横の長さ（cm）						

② たての長さを□cm、横の長さを△cm として、□と△の関係を式に表しましょう。

（　　　　　　　　）

③ たての長さが8cm のとき、横の長さは何cm ですか。

（　　　　　　　　）

④ 横の長さが4cm のとき、たての長さは何cm ですか。

（　　　　　　　　）

3 よく出る たての長さが 4 cm、横の長さが □ cm、面積が △ cm² の長方形があります。

1問8点（32点）

① 横の長さと面積の関係を表にしましょう。

横の長さ（cm）	1	2	3	4	5	6
面積（cm²）						

② 横の長さが 1 cm 長くなると、面積は何 cm² ずつふえますか。

( )

③ □と△の関係を式に表しましょう。

( )

④ 面積が 32 cm² のとき、横の長さは何 cm ですか。

( )

思考・判断・表現 ／24点

できたらスゴイ！

4 40 円のあめと 60 円のガムをあわせて 10 こ買いました。そのときの代金は 480 円でした。

あめとガムを、それぞれ何こ買ったか求めましょう。

1問8点（24点）

① あめとガムの数と代金の関係を、下の表にまとめましょう。

あめの数（こ）	0	1	2	3	4	5	6	7	8
ガムの数（こ）	10								
代金（円）	600								

② あめの数が 1 こふえると、代金は何円へりますか。

( )

③ あめとガムをそれぞれ何こ買いましたか。

あめ ( ) ガム ( )

 ①がわからないときは、96 ページの①にもどってかくにんしてみよう。

15 計算の見積もり

計算の見積もり

教科書　下 88〜92 ページ　　答え　38 ページ

✏ 次の　　にあてはまる数をかきましょう。

ねらい がい算で答えを求めるときの計算のしかたを考えよう。　　練習 ① ④ ➡

🐾 **がい算**　　がい数で計算して答えを求めることを、**がい算**といいます。

🐾 **和や差の見積もり**　　たし算やひき算のがい算は、四捨五入して求める位までの
がい数にしてから計算します。

1 右の表は、ある遊園地の入場者数を表しています。

(1) 土曜日、日曜日の入場者数の合計は、約何万何千人ですか。

(2) 土曜日と日曜日の入場者数の差は、約何千人ですか。

曜日	入場者数
土曜日	6942 人
日曜日	9487 人

とき方 (1) 四捨五入して、千の位までのがい数にすると、

土曜日　6942 人→約 7000 人

日曜日　9487 人→約 9000 人

合計は、7000＋9000＝　　　　　

約何万何千人だから、
千の位までのがい数に
するよ。

答え　約　　　万　　　千人

(2) 差は、9000−7000＝　　　　　　　　　　答え　約　　　千人

ねらい 積や商の見積もりのしかたを考えよう。　　練習 ② ③ ➡

🐾 **積や商の見積もり**　　積や商の見積もりをするときは、上から 1 けたのがい数に
すると、計算しやすくなります。

2 上から 1 けたのがい数にして、積や商を見積もりましょう。

(1) 846×36

(2) 6321÷43

とき方 (1) 四捨五入して、上から 1 けたのがい数にすると、

846 → 800　　36 → 40　　積を見積もると、800×40＝　　　　　

846×36 の積は、約　　　　　です。

(2) 四捨五入して、上から 1 けたのがい数にすると、

6321 → 6000　　43 → 40　　商を見積もると、6000÷40＝　　　　　

6321÷43 の商は、約　　　です。

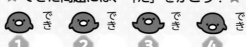
1 右下の 3 つの品物を買いました。
代金は約何百何十円ですか。

教科書　88 ページ **1**、90 ページ **2**

十の位までの
がい数にして
計算しよう。

（　　　　　　　　　）

クッキー	182 円
ガム	98 円
チョコレート	236 円

2 スタンプラリーの参加者全員に、1 本 115 円のボールペンを配ります。参加者は合計で 96 人です。
ボールペンの代金は、およそ何円になりますか。

教科書　92 ページ **3**

（　　　　　　　　　）

3 ある野球場の客席は、1 列に 12 人すわることができます。
545 人が客席にすわるとき、必要な客席はおよそ何列分になりますか。

教科書　92 ページ **3**

（　　　　　　　　　）

4 活用　けんたさんとゆいさんは、文ぼう具店に来ています。

教科書　90 ページ **2**

① けんたさんは、1000 円持っています。
けんたさんは、コンパス、ノート、マーカーを
買えますか。

コンパス	425 円
ノート	198 円
マーカー	298 円
色えんぴつ	512 円
定規	385 円

（　　　　　　　　　）

② 1000 円をこえると、1 回くじをひけます。
ゆいさんは、マーカー、色えんぴつ、定規を買って、くじをひけますか。

（　　　　　　　　　）

ヒント

4 ① それぞれの代金を切り上げて、百の位までのがい数にして計算します。
② それぞれの代金を切り捨てて、百の位までのがい数にして計算します。

⑮ 計算の見積もり

教科書 下 88〜92 ページ　答え 39 ページ

知識・技能　／52点

1 右の3つの品物を買うとき、目的にあった見積もりをするには、どのようにすればよいですか。

□にあてはまることばや数をかきましょう。

1問4点（12点）

ねぎ	198円
キャベツ	138円
ぶた肉	568円

① およそいくらぐらいになるかを知りたいときは、

それぞれの代金を [　　　] でがい数にして計算します。

200＋100＋600＝ [　　　]　　　代金は約 [　　　] 円です。

② 1000円で買えるかどうかを知りたいときは、それぞれの代金を切り [　　　] て

がい数にして計算します。

200＋200＋600＝ [　　　]　　　1000円で買え [　　　] 。

③ 700円をこえるかどうかを知りたいときは、それぞれの代金を切り [　　　] て

がい数にして計算します。

100＋100＋500＝ [　　　]　　　700円をこえ [　　　] 。

2 上から1けたのがい数にして、積を見積もりましょう。　　　各5点（20点）

① 694×31　　　　　　　　② 293×388

③ 189×205　　　　　　　④ 379×121

3 上から1けたのがい数にして、商を見積もりましょう。　　　各5点（20点）

① 2592÷216　　　　　　② 28485÷211

③ 43320÷361　　　　　　④ 366450÷525

102

思考・判断・表現　　　　　　　　　　　　　　　　　　　／48点

4 よく出る **１まい１９円の画用紙があります。**　　　　　各10点(20点)

①　この画用紙を３８まい買うと、およそ何円になりますか。

（　　　　　　　　　　）

②　２０００円では、およそ何まい買うことができますか。

（　　　　　　　　　　）

5 よく出る **右の２つの品物を買います。**　　　　　各4点(8点)

①　代金は約何円になりますか。
四捨五入（ししゃごにゅう）して、百の位（くらい）までのがい数で求（もと）めましょう。

ミニトマト	１８９円
ジャム	２９８円

（　　　　　　　　　　）

②　①のほかに、肉を買います。肉は、２１８円、３９６円、４８８円の３つの中から選（えら）びます。

代金の合計が約１０００円になるようにするには、何円の肉を買えばよいですか。

（　　　　　　　　　　）

6 **２１６円のノートと１４５円のマーカーペンを買いました。下の品物の中から、あともう１つ買おうと思います。**　　　　　各10点(20点)

①　代金を８００円以上（いじょう）にするには、どの品物を買えばよいですか。

コンパス	５１５円
ボールペン	２４０円
はさみ	３５２円
消しゴム	９８円
びんせん	４３８円

（　　　　　　　　　　）

②　代金を６００円以下にするには、どの品物を買えばよいですか。

（　　　　　　　　　　）

 ❶がわからないときは、１００ページの❶にもどってかくにんしてみよう。

103

① 小数に整数をかける計算

教科書　下 95～100 ページ　答え 40 ページ

✏ 次の◯にあてはまる数をかきましょう。

◎ねらい 小数×整数の計算のしかたを考えよう。　練習 ①→

🐾 **小数に整数をかける計算**

0.1 をもとにして、0.1 のいくつ分か考えることで、整数のかけ算と同じように計算することができます。

🐾 **0.3×7 の計算のしかた**

0.3 ………… 0.1 が 3 こ　3×7＝21

0.1 が 21 こで 2.1 だから、0.3×7＝2.1

1 0.4×8 を計算しましょう。

とき方 0.4 は 0.1 が ◯ こ　4×8＝◯

0.1 が 32 こで 3.2 だから、　0.4×8＝◯

◎ねらい 小数×整数の筆算のしかたを考えよう。　 練習 ②③④⑤→

🐾 **1.4×7 の筆算のしかた**

```
  1.4        1.4        1.4
× 7    →   ×  7   →   ×  7
            9 8         9.8
```

1.4 の 4 と 7 を　14×7 の計算をする。　かけられる数にそろえて積の
そろえてかく。　　　　　　　　　　　小数点をうつ。1.4×7＝9.8

2 筆算でしましょう。

(1)　0.3×2　　　　　(2)　1.5×28　　　　　(3)　1.25×3

とき方 整数のかけ算と同じように計算し、かけられる数にそろえて積の小数点をうちます。

(1)
```
    0.3
 ×  2
 ────
   ◯
```

(2)
```
    1.5
 ×  28
 ────
   120
   30
 ────
   ◯
```

(3)
```
   1.25
 ×   3
 ────
   ◯
```

積の一の位には、0 をかきます。　　$\frac{1}{10}$ の位が 0 のときは、0 として消します。　　積の小数点は、かけられる数の小数点にそろえます。

ぴったり 2
練習

★ できた問題には、「た」をかこう！★

でき ① でき ② でき ③ でき ④ でき ⑤

学習日 　月　　日

📖 教科書 　下 95〜100 ページ　 ▤ 答え 　40 ページ

1 かけ算をしましょう。

教科書 95 ページ 1

① 0.2×3 　　② 0.6×8 　　③ 0.9×4

2 かけ算をしましょう。

教科書 97 ページ 2、98 ページ 3

① 　6.2
　× 　3

② 　3.8
　× 　9

③ 　18.5
　× 　　7

3 かけ算をしましょう。

教科書 99 ページ 3

① 　9.8
　×13

② 　2.3
　×35

③ 　14.6
　× 　27

4 かけ算をしましょう。

教科書 99 ページ 4

① 　6.5
　×14

② 　2.4
　×25

③ 　12.5
　× 　8

5 かけ算をしましょう。

教科書 100 ページ 5

① 　1.34
　× 　7

② 　1.46
　× 　5

③ 　3.75
　× 　8

④ 　2.46
　× 　23

⑤ 　1.09
　× 　62

⑥ 　6.35
　× 　14

 ヒント

④ $\frac{1}{10}$ の位の0と小数点は、0として消します。

⑤ 積の小数点は、かけられる数にそろえます。

105

② 小数を整数でわる計算

教科書 下 101〜105 ページ　答え 40 ページ

✏ 次の◯◯にあてはまる数をかきましょう。

ねらい 小数÷整数の計算のしかたを考えよう。　　　　練習 **①→**

🐾 **小数を整数でわる計算**　　0.1 をもとにして、0.1 のいくつ分か考えることで、整数のわり算と同じように計算することができます。

🐾 **1.5÷3 の計算のしかた**

1.5 は 0.1 が 15 こ　　　15÷3=5

0.1 が 5 こで 0.5 だから、1.5÷3=0.5

1 3.6÷4 を計算しましょう。

とき方 3.6 は 0.1 が ◯◯ こ　　36÷4=◯◯

0.1 が 9 こで 0.9 だから、3.6÷4=◯◯

ねらい 小数÷整数の筆算のしかたを考えよう。　　　練習 **② ③ ④ ⑤→**

🐾 **6.4÷4 の筆算のしかた**

6を4でわる。　　　われる数にそろえて商の小数点をうつ。　　　整数のわり算と同じように計算する。6.4÷4=1.6

2 筆算でしましょう。

(1) 72.8÷8　　　(2) 4.8÷6　　　(3) 4.92÷4

とき方 われる数にそろえて商の小数点をうちます。

(1)
```
      .
8) 7 2.8
   7 2
      8
      8
      0
```

(2)
```
    .
6) 4.8
   4 8
     0
```

(3)
```
      .
4) 4.9 2
   4
     9
     8
     1 2
     1 2
       0
```

商の一の位には、0をかく。

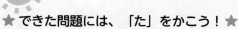
1 わり算をしましょう。　　　　　　　　　　教科書　101 ページ **1**

① 2.4÷8　　　　② 5.4÷6　　　　③ 0.8÷4

2 わり算をしましょう。　　　　　　　　　　教科書　103 ページ **2**

① 2) 4.6　　　　② 3) 7.5　　　　③ 7) 2 3.1

3 わり算をしましょう。　　　　　　　　　　教科書　104 ページ **3**

① 1 6) 2 0.8　　　　② 1 2) 4 3.2　　　　③ 2 5) 9 2.5

4 わり算をしましょう。　　　　　　　　　　教科書　105 ページ **4**

① 3) 2.7　　　　② 8) 4.8　　　　③ 1 4) 8.4

5 わり算をしましょう。　　　　　　　　　　教科書　105 ページ **7**

① 2) 6.9 4　　　　② 4) 0.2 4　　　　③ 2 7) 2.1 6

 ● ヒント

4 商の一の位は0になります。
5 商の小数点はわられる数にそろえます。

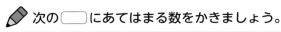
教科書 下106〜108ページ　答え 41ページ

✏️ 次の◯◯にあてはまる数をかきましょう。

◎ねらい **小数のわり算のあまりについて考えよう。**　練習①→

🐾**あまりのあるわり算**　小数のわり算で、あまりを求めるとき、あまりの小数点は、わられる数の小数点にそろえてうちます。

1 17.3÷5の商は一の位まで計算して、あまりも求めましょう。

とき方 整数のわり算と同じように計算します。

```
      3
  5)17.3
    15
    [  ]
```

→ 17.3÷5 = [　]　あまり [　]

わられる数にそろえて、あまりの小数点をうつ。

◎ねらい **わりきれるまでわり算を進める方法を考えよう。**　練習②③→

🐾**わりきれるまで計算するわり算**

わり算で、わりきれないときは、わられる数のいちばん右の位のあとに0をつけて、下の位へわり算を続けることができます。

```
    1            1           1.5
 4)6     →   4)6.0    →   4)6.0
   4            4            4
   2            2 0          2 0
                            2 0
                             0
```

◎ねらい **商をがい数で表す方法を考えよう。**　練習④→

🐾**商をがい数で求める**　商をがい数で求めるときは、求めたい位より1つ下の位まで計算して四捨五入します。

2 7÷6の商を四捨五入して、$\frac{1}{10}$の位までのがい数で求めましょう。

とき方 $\frac{1}{10}$の位までのがい数で求めるときは、$\frac{1}{100}$の位まで計算して、$\frac{1}{100}$の位を四捨五入します。

```
      2
     1.1 6
  6)7
    6
    1 0
      6
      4 0
      3 6
        4
```

→ 答えは、[　]

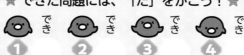

教科書　下106〜108ページ　　答え　41ページ

1 商は一の位まで計算して、あまりも求めましょう。
また、答えのたしかめもしましょう。

教科書 106ページ **1**

①
7) 2 3.2

②
1 2) 3 4.6

③
2 5) 5 0.7

答えのたしかめ
(　　　　　　　)

答えのたしかめ
(　　　　　　　)

答えのたしかめ
(　　　　　　　)

2 わりきれるまで計算しましょう。

教科書 107ページ **2**

①
4) 7.4

②
5) 1.4

③
2 5) 4.8

3 わりきれるまで計算しましょう。

教科書 107ページ **2**

①
4) 1 3

②
1 2) 1 8

③
8) 2

4 答えは四捨五入して、$\frac{1}{10}$ の位までのがい数で求めましょう。

教科書 108ページ **3**

①
6) 1 3

②
7) 2 0

③
1 7) 2 6

ヒント　④ $\frac{1}{100}$ の位まで計算して、$\frac{1}{100}$ の位を四捨五入します。

教科書　下109〜110ページ　答え　43ページ

✏️ 次の□にあてはまる数をかきましょう。

◎ ねらい　何倍の表し方を調べよう。　　　　　練習 ①②➡

🐾 何倍かを表す小数

0.7倍や1.5倍のように、何倍かを表す数が小数になることがあります。

何倍かを表す数を求めるには、ある大きさ÷もとにする大きさ　で計算します。

1 右の表は、りんさんが持っているテープの長さを表しています。

テープの色	長さ(m)
青	5
赤	8
黄	4

(1) 赤のテープの長さは、青のテープの長さの何倍ですか。

(2) 黄のテープの長さは、青のテープの長さの何倍ですか。

(3) 青のテープの長さは、黄のテープの長さの何倍ですか。

とき方　何倍かを求めたい長さ ÷ もとにする長さ　の計算で求めます。

(1)
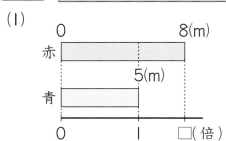

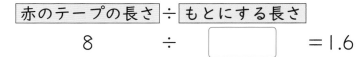
赤のテープの長さ ÷ もとにする長さ

8 ÷ □ = 1.6

5mを1としたとき、8mは1.6にあたるという意味だよ。

答え □ 倍

(2)
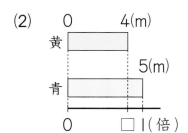

黄のテープの長さ ÷ もとにする長さ

□ ÷ □ = 0.8

答え □ 倍

(3)
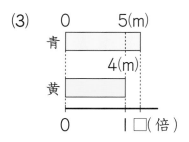

青のテープの長さ ÷ もとにする長さ

□ ÷ 4 = □

答え □ 倍

教科書　下 109〜110 ページ　　答え　43 ページ

1 右の表は、けんたさんが持っているテープの長さを表しています。

教科書 109 ページ **1**、110 ページ **2**

テープの色	長さ(m)
赤	3
白	2
青	4
黄	5

① 赤のテープの長さは、白のテープの長さの何倍ですか。

式

答え （　　　　　　　）

② 黄のテープの長さは、白のテープの長さの何倍ですか。

式

答え （　　　　　　　）

③ 白のテープの長さは、黄のテープの長さの何倍ですか。

式

答え （　　　　　　　）

④ 赤のテープの長さは、青のテープの長さの何倍ですか。

式

答え （　　　　　　　）

2 高さが8mの学校と、20mのビルがあります。

教科書 110 ページ **1**

① 学校の高さは、ビルの高さの何倍ですか。

式

答え （　　　　　　　）

② ビルの高さは、学校の高さの何倍ですか。

式

答え （　　　　　　　）

ヒント ❶ 何倍かを求めたいテープの長さ÷もとにするテープの長さ　で計算します。
❷ 「○の高さの何倍ですか。」というとき、「○の高さ」がもとにする高さです。

111

⑯ 小数のかけ算とわり算

時間 **30** 分

／100

ごうかく **80** 点

教科書 下 95〜112 ページ　　答え 43 ページ

知識・技能　　　　　　　　　　　　　　　　　　　　　　　　　／80点

1 次の □ にあてはまる数をかきましょう。　　　　　各4点（8点）

① 0.6×2の答えは、6×2の答えを □ でわったものです。

② 4.2÷7の答えは、42÷7の答えを □ でわったものです。

2 よく出る かけ算をしましょう。　　　　　　　　　各4点（24点）

① 　3.8
　×　6

② 　19.6
　×　6

③ 　6.2
　×15

④ 　2.05
　×　4

⑤ 　2.65
　×　18

⑥ 　3.48
　×　26

3 よく出る わり算をしましょう。　　　　　　　　　各4点（24点）

① 7) 8.4

② 12) 21.6

③ 5) 6.05

④ 7) 4.41

⑤ 42) 2.94

⑥ 12) 0.96

4 商は $\frac{1}{10}$ の位まで計算して、あまりも求めましょう。　　各4点（8点）

① 4) 9.5

② 6) 15.7

5 わりきれるまで計算しましょう。　　　　　　　　各4点(8点)

①

$4 \overline{\smash{\big)}\,5.4}$

②

$8 \overline{\smash{\big)}\,18}$

6 答えは四捨五入して、$\frac{1}{100}$ の位までのがい数で求めましょう。　各4点(8点)

①

$9 \overline{\smash{\big)}\,15}$

②

$7 \overline{\smash{\big)}\,52}$

思考・判断・表現　　　　　　　　　　　　　　　　　　／20点

7　73.5 cm のひもを 8 cm ずつ切って、短いひもをつくります。

短いひもは何本できますか。

また、ひもは何 cm あまりますか。　　　　　式・答え 各5点(10点)

式

答え（　　　　　　　　　　　　　　　　　　）

8　ひできさんの体重は 32 kg で、お父さんの体重は 67.2 kg です。

お父さんの体重はひできさんの体重の何倍ですか。　式・答え 各5点(10点)

式

答え（　　　　　　　　　）

ふりかえり　①がわからないときは、104 ページの①にもどってかくにんしてみよう。

ふろくの「計算せんもんドリル」22〜34 もやってみよう！

① 直方体と立方体

次の ◯ にあてはまることばや数をかきましょう。

◎ねらい　箱の形の仲間分けのしかたを考えよう。　　練習 ①➡

🐾 直方体と立方体

長方形だけでかこまれた形や、
長方形と正方形でかこまれた形を、
直方体といいます。

正方形だけでかこまれた形を、
立方体といいます。

直方体　立方体

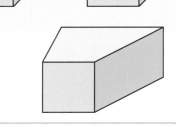

1　右のような形は、直方体といえますか。

とき方　面の形を見ると、長方形と正方形のほかに、
台形もあります。

長方形と正方形だけでかこまれていないので、直方体といえ ◯◯◯ 。

◎ねらい　直方体や立方体の頂点、辺、面について調べよう。　　練習 ②③➡

🐾 直方体と立方体の大きさ

直方体の大きさは、たて、横、高さの
３つの辺の長さできまります。

立方体の大きさは、１辺の長さできま
ります。

面　横
たて
高さ　頂点
辺

面　頂点
辺　辺
辺

2　右の直方体と立方体の、頂点、辺、面の
数や形を調べ、表にまとめましょう。

直方体　立方体

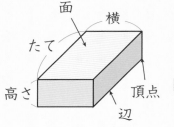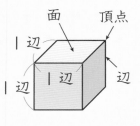

とき方

見えない
ところにも、
頂点、辺、
面があるよ。

	直方体	立方体
頂点の数		
辺の数		
面の数		

頂点はかどの数がいくつか調べます。

辺は直線が何本あるかを調べます。

面は平面がいくつあるかを調べます。

教科書　下 115〜117 ページ　　答え　44 ページ

1 下の図を見て、次の問題に答えましょう。　　　教科書 115ページ **1**

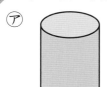 ㋐　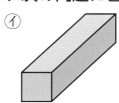 ㋑　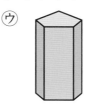 ㋒　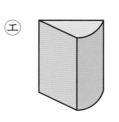 ㋓　 ㋔

① 平面だけでかこまれた形はどれですか。

（　　　　　　　　）

平らな面のことを
平面というよ。

② 直方体はどれですか。
また、立方体はどれですか。

直方体（　　　　　）　立方体（　　　　　）

2 右のような直方体があります。　　　教科書 117ページ **2**
① どんな長さの辺が、それぞれ何本ずつありますか。

（　　　　　　　　）

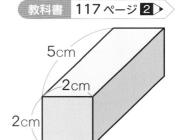

5cm
2cm
2cm

② どんな形の面が、それぞれいくつずつありますか。

（　　　　　　　　）

3 右のような立方体があります。　　　教科書 117ページ **2**
① どんな長さの辺が、何本ありますか。

（　　　　　　　　）

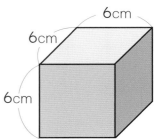

6cm
6cm
6cm

② どんな形の面が、いくつありますか。

（　　　　　　　　）

ヒント　**2** ② たて5cm、横2cm、高さ2cmの直方体だから、面の形は正方形と
長方形があります。

② 見取図と展開図

教科書 下118〜120ページ ▶ 答え 45ページ

✎ 次の □ にあてはまることばをかきましょう。

◎ねらい 見取図のかき方を考えよう。　　　　　　　　　　練習 ①→

🐾見取図

直方体や立方体などの全体の形がわかるようにかいた図を、**見取図**といいます。

＜見取図のかき方＞

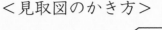

正面の長方形か　　見えている辺を　　見えない辺は
正方形をかく。　　かく。　　　　　　点線でかく。

1 右の図の見取図の続きをかきましょう。

とき方 向かいあう辺が □ で、同じ長さになるようにかきます。

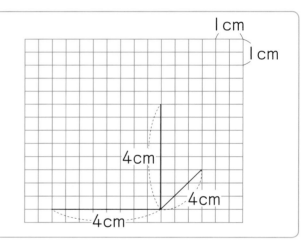

1cm
1cm
4cm
4cm
4cm

◎ねらい 工作用紙にどんな形をかけばよいか考えよう。　　練習 ②③→

🐾展開図

直方体や立方体などを切り開いて、平面の上に広げてかいた図を、**展開図**といいます。

2 右の図のような直方体の展開図を、下の図に続けてかきましょう。

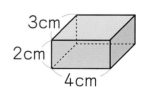

3cm
2cm
4cm

とき方 向かいあったところに、形も □ も同じ面があります。

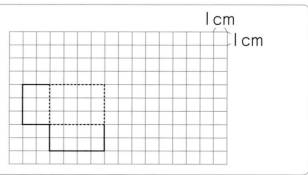

1cm
1cm

ぴったり2
練習

★ できた問題には、「た」をかこう！★
でき 1　でき 2　でき 3

学習日
月　　日

教科書 下118〜120ページ ▷ 答え 45ページ

1 下の図の見取図の続きをかきましょう。 教科書 118ページ 1 ▷

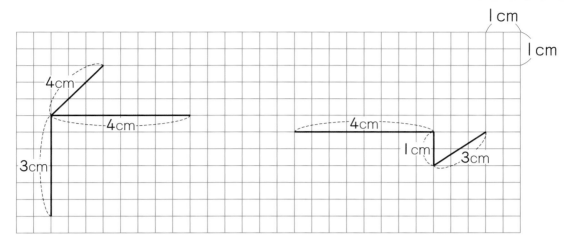

1cm
1cm

4cm
4cm
3cm

4cm
1cm
3cm

2 下の直方体を、太線の辺にそって切り開いたときの展開図を、アからエを利用して右にかきましょう。 教科書 119ページ 2 ▷

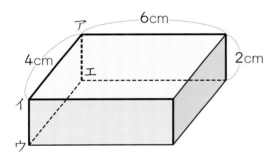

ア　6cm
4cm　　　2cm
エ
イ
ウ

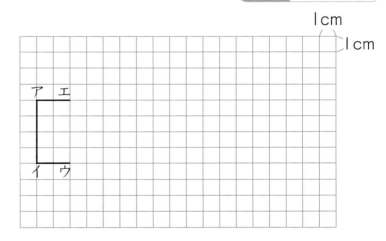

1cm
1cm

ア　エ

イ　ウ

3 次のあからうの中で、立方体の展開図になっているのはどれですか。

教科書 120ページ 2 ▷

あ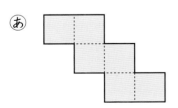

い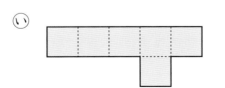

う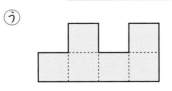

（　　　　　）

ヒント ❸ 組み立てたときに重なる辺や頂点などを、線などでつないで考えましょう。

教科書　下 121〜123 ページ　　答え　45 ページ

次の◯◯◯にあてはまることばや記号をかきましょう。

ねらい　直方体や立方体で辺と面の垂直と平行がわかるようにしよう。　　練習 ① ② ③ →

直方体や立方体で、辺や面の関係は次のようになります。

🐾 **面と面の垂直、平行**

となりあった面は垂直です。向かいあった面は平行です。

🐾 **辺と辺の垂直、平行**

1つの頂点に集まる3つの辺は垂直です。向かいあう辺は平行です。

🐾 **面と辺の垂直、平行**　　1つの面とそれに交わる辺は垂直です。

1つの面とそれに向かいあう面の中にある辺は平行です。

1　右の直方体の面と面の関係を調べましょう。

(1)　面⑦と面④はどんな関係ですか。

(2)　面⑦と面⑨はどんな関係ですか。

とき方　(1)　面⑦と面④はとなりあった面なので、
◯◯◯ です。

(2)　面⑦と面⑨は向かいあった面なので、
◯◯◯ です。

2　**1**の直方体の辺と辺の関係を調べましょう。

(1)　辺アイと垂直な辺はどれですか。　　(2)　辺アイと平行な辺はどれですか。

とき方　(1)　辺アイと垂直な辺は、辺アエ、辺アカ、辺イウ、辺◯◯◯ です。

(2)　辺アイと平行な辺は、辺エウ、辺ケク、辺◯◯◯ です。

3　**1**の直方体の面と辺の関係を調べましょう。

(1)　面⑦と辺アエはどんな関係ですか。　　(2)　面⑦と辺エウはどんな関係ですか。

とき方　(1)　面⑦と辺アエは交わっているので、◯◯◯ です。

(2)　辺エウは、面⑦と向かいあう面⑨の中にある辺なので、◯◯◯ です。

ぴったり2
練習

★ できた問題には、「た」をかこう！★
でき ① でき ② でき ③

学習日　　月　　日

📖 教科書　下 121〜123 ページ　⟹ 答え　46 ページ

1 右のような立方体があります。

教科書 121 ページ **1**

① 平行な面はどれとどれですか。
すべて答えましょう。

（　　　　　　　　　　　　）

② 面㋩と垂直な面を全部かきましょう。

（　　　　　　　　　　　　）

③ 面㋎と垂直な面を全部かきましょう。

（　　　　　　　　　　　　）

2 右のような直方体があります。

教科書 122 ページ **2**

① 辺アカと垂直な辺を全部かきましょう。

（　　　　　　　　　　　　）

② 辺アカと平行な辺を全部かきましょう。

（　　　　　　　　　　　　）

③ 辺アエと辺キクはどんな関係ですか。

（　　　　　　　　　　　　）

3 右のような直方体があります。

教科書 123 ページ **3**

① 面㋎と平行な辺を全部かきましょう。

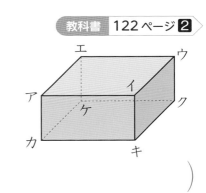

（　　　　　　　　　　　　）

② 面㋩と平行な辺を全部かきましょう。

（　　　　　　　　　　　　）

③ 面㋑と垂直な辺を全部かきましょう。

（　　　　　　　　　　　　）

👀ヒント　❸ １つの面に平行な辺は４つ、１つの面に垂直な辺は４つあります。

⑰ 直方体と立方体

④ 位置の表し方

教科書　下 124〜125 ページ　　答え　46 ページ

✏️ 次の□□□にあてはまる数やことばをかきましょう。

◎ ねらい　平面上にあるものの位置の表し方を考えよう。　　練習 ①➡

🐾 平面上にあるものの位置

　平面上にあるものの位置は、2つの長さの組で表すことができます。

　家の位置をもとにすると、学校の位置は、東に 100 m、北に 300 m 進んだところなので、(東 100 m、北 300 m)と表すことができます。

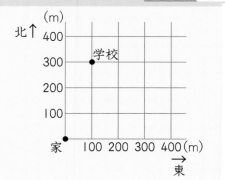

1 右の図は、ゆうたさんの家と駅の位置を表したものです。家の位置をもとにすると、駅の位置は、どのように表せますか。

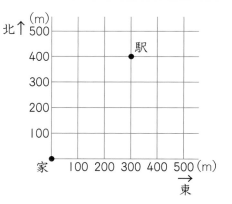

とき方　もとにする位置からの長さで表します。

　家から、東に ①□□□ m、北に ②□□□ m のところにあるので、

(③□□□ 300 m、④□□□ 400 m)と表します。

◎ ねらい　空間にあるものの位置の表し方を考えよう。　　練習 ②➡

🐾 高さを表す

　空間にあるものの位置は、3つの長さの組で表すことができます。

　頂点アの位置をもとにすると、頂点イの位置は、

(横 30 cm、たて 25 cm、高さ 20 cm)

と表すことができます。

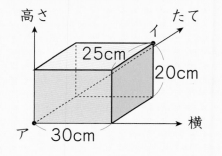

2 1辺が 2 cm のさいころがあります。

　頂点アの位置をもとにして、頂点イの位置を表しましょう。

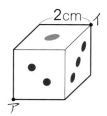

とき方　さいころは立方体なので、どの辺も 2 cm です。

　そのため、横、たて、高さがすべて 2 cm になります。

(横□□□ cm、たて□□□ cm、高さ□□□ cm)

教科書 下 124〜125 ページ　答え 46 ページ

1 右の図は、駅の近くにあるいろいろな場所の位置関係を表したものです。駅の位置をもとにすると、工場の位置は、（東 300 m、北 800 m）と表すことができます。

教科書 124ページ **1**

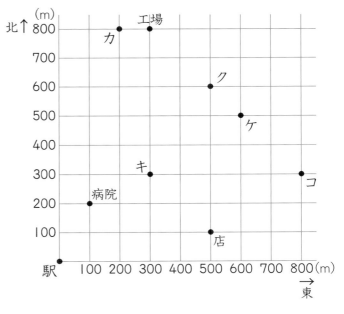

① 駅の位置をもとにして、病院と店の位置を表しましょう。

病院 （　　　　　　　　　　）

店 （　　　　　　　　　　）

② 駅の位置をもとにすると、次のア、イの表す位置は、図のカからコのどれですか。

ア（東 800 m、北 300 m）

（　　　　　　　　　）

イ（東 600 m、北 500 m）

（　　　　　　　　　）

2 右の図は、頂点の位置を、横・たて・高さで表したものです。　教科書 125ページ **2**

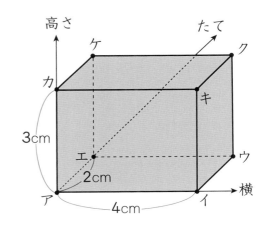

① 頂点アの位置をもとにすると、頂点キの位置は高さ何 cm になりますか。

（　　　　　　　　　）

② 頂点アの位置をもとにすると、頂点クの位置は、（横 4 cm、たて 2 cm、高さ 3 cm）と表すことができます。
頂点ウと頂点ケの位置を、頂点アの位置をもとにして表しましょう。

ウ （　　　　　　　　　　　　）

ケ （　　　　　　　　　　　　）

●ヒント　**2** ② 3つの長さの組で表します。

121

⑰ 直方体と立方体

知識・技能 ／58点

1 次の ▢ にあてはまることばをかきましょう。 各5点(15点)

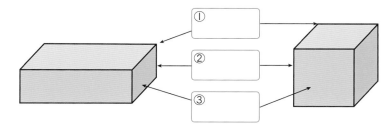

① ▢
② ▢
③ ▢

2 次の ▢ にあてはまることばや数をかきましょう。 各5点(15点)

① 直方体は、▢ や正方形でかこまれた形です。

② 直方体や立方体には、頂点（ちょうてん）が ▢ こあります。

③ 直方体や立方体には、辺（へん）が ▢ 本あります。

できたらスゴイ！

3 1辺が5cmの立方体のブロックを、右の図のようにならべました。 各7点(21点)

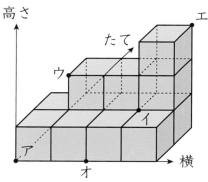

① アの位置（いち）をもとにすると、イの位置は高さ何cm になりますか。

（　　　　　　　）

② アの位置をもとにすると、ウの位置は
（横5cm、たて5cm、高さ10cm）と表すことができます。
エとオの位置を、アの位置をもとにして表しましょう。

エ（　　　　　　　　　　　　　）

オ（　　　　　　　　　　　　　）

4 下の図の見取図の続きをかきましょう。 （7点）

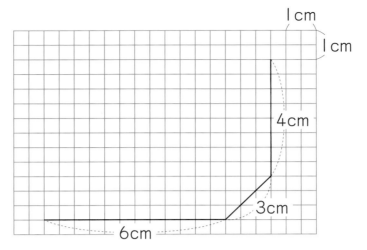

思考・判断・表現 　　　　　　　　　　　　　　／42点

5 次の⑩から⑫の中で、立方体の展開図になっているのはどれですか。 （7点）

⑩　　　　　　　　　⑪　　　　　　　　　⑫　　　　　　　　　⑬

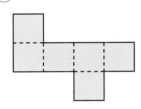 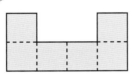 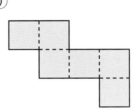 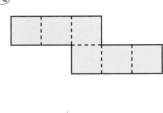

（　　　　　　　　　）

6 右の図は、立方体の展開図です。
この展開図を組み立ててできる立方体について答えましょう。

各7点（35点）

① 点アと重なる点を全部かきましょう。

（　　　　　　　　　）

② 辺アイと重なる辺はどれですか。

（　　　　　　　　　）

③ 面⑨と平行になる面はどれですか。

（　　　　　　　　　）

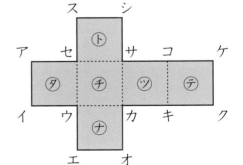

④ 辺ウカと垂直になる辺を全部かきましょう。

（　　　　　　　　　　　　　　　　　　　　　）

⑤ 辺ウエと平行になる辺を全部かきましょう。

（　　　　　　　　　　　　　　　　　　　　　）

ふりかえり ●がわからないときは、114ページの2にもどってかくにんしてみよう。

レッツ プログラミング

教科書　下 134〜135 ページ　　答え　47 ページ

1　じゃんけんをして勝った人が前に進んでゴールを目指す遊びを考えました。
この遊びは、次のようなルールで遊びます。

> 遊びのルール
> ①　じゃんけんをして、勝ったら前に進む。
> ②　グーは1、チョキは2、パーは5進む。
> ③　ゴールしたら終わり。

この遊びの遊ぶ手順（てじゅん）をフローチャートに表します。
　□ にあてはまることばを⑦から⑰の中から選（えら）んで、右のフローチャートを完成（かんせい）
させましょう。

⑦　5歩進む
①　じゃんけんに勝ったか
⑦　1歩進む
⑦　じゃんけんをする
⑦　2歩進む
⑰　じゃんけんで何を出したか

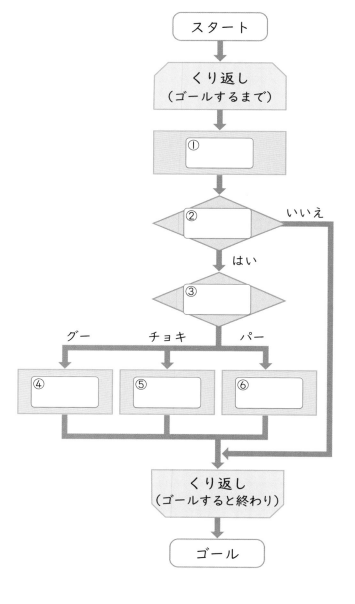

124

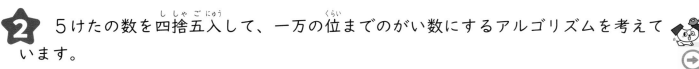

2 5けたの数を四捨五入して、一万の位までのがい数にするアルゴリズムを考えています。

①、④に一、十、百、千の漢数字を、②、③に1から9の数を入れてフローチャートを完成させましょう。

この本の終わりにある「春のチャレンジテスト」をやってみよう!

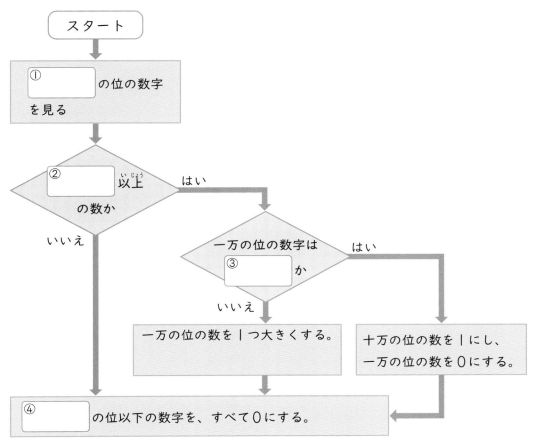

スタート

① ［　　　　　］の位の数字を見る

② ［　　　　　］以上の数か
　いいえ →
　はい → 一万の位の数字は ③ ［　　　　　］か
　　いいえ → 一万の位の数を1つ大きくする。
　　はい → 十万の位の数を1にし、一万の位の数を0にする。

④ ［　　　　　］の位以下の数字を、すべて0にする。

具体的な数字をかいて、考えてみよう。

一万の位　千の位を四捨五入する
14923

一万の位　千の位を四捨五入する
15342

一万の位　千の位を四捨五入する
96821

（数と計算）

1 数字でかきましょう。　各5点(15点)

① 四十一兆九百億八千万

（　　　　　　　　　　　）

② 1億を47こ集めた数

（　　　　　　　　　　　）

③ 380億の100倍の数

（　　　　　　　　　　　）

2 四捨五入して、[　]の中の位まで
のがい数にしましょう。　各5点(15点)

① 7254　　[千の位]

（　　　　　　　　　）

② 49056　[一万の位]

（　　　　　　　　　）

③ 69718　[上から1けた]

（　　　　　　　　　）

3 四捨五入して、[　]の中の位まで
のがい数を使って見積もりましょう。

各5点(10点)

① 43179＋79823　[一万の位]

（　　　　　　　　　）

② 813×491　　[上から1けた]

（　　　　　　　　　）

4 わり算をしましょう。　各5点(10点)

①

$6\overline{)83}$

②

$16\overline{)393}$

5 次の計算をしましょう。各5点(10点)

① 17×(42−28)

② 20＋180÷90

6 次の計算をしましょう。各5点(20点)

①
$$\begin{array}{r} 2.09 \\ +0.95 \\ \hline \end{array}$$

②
$$\begin{array}{r} 5 \\ -0.18 \\ \hline \end{array}$$

③
$$\begin{array}{r} 4.5 \\ \times\ \ 6 \\ \hline \end{array}$$

④

$8\overline{)9.6}$

7 次の計算をしましょう。各5点(20点)

① $\dfrac{5}{9}+\dfrac{8}{9}$

② $1\dfrac{4}{5}-\dfrac{3}{5}$

③ $2\dfrac{3}{7}+\dfrac{5}{7}$

④ $2\dfrac{1}{8}-\dfrac{5}{8}$

まとめのテスト

4年のふくしゅう

学習日　月　日

時間 20分

/100

ごうかく 80点

（量と測定、図形）

教科書　下 138〜140 ページ　答え　48 ページ

1 下の図の㋐と㋑の角度は何度ですか。
各8点（16点）

①

（　　　　）

②

（　　　　）

2 次の㋐と㋑の角度は何度ですか。
各8点（16点）

①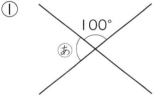

100°

（　　　　）

②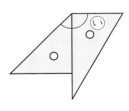

（　　　　）

3 次の長方形や正方形の面積を求めましょう。
各9点（18点）

① たて５cm、横９cm の長方形

（　　　　）

② １辺が７cm の正方形

（　　　　）

4 下の図のような形の面積を求めましょう。
（10点）

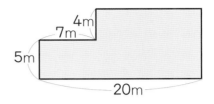

（　　　　）

5 台形、平行四辺形、ひし形の中から、次のとくちょうにあてはまるものを選びましょう。
各10点（20点）

① ４つの辺の長さがみんな等しい四角形

（　　　　）

② ２本の対角線がそれぞれ交わった点で２等分されている四角形

（　　　　）

6 下の直方体について答えましょう。
各10点（20点）

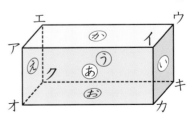

① 辺アオと垂直な辺は何本ですか。

（　　　　）

② 面㋔と平行な面はどれですか。

（　　　　）

127

4年のふくしゅう

（数量関係）

学習日　月　日

時間 **20**分　／100

ごうかく **80**点

教科書　下 138〜140 ページ　答え　49 ページ

まとめのテスト

1 下の折れ線グラフは、プールの水の温度の変化を表したものです。

（　）各7点（35点）

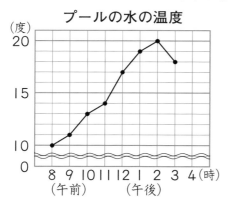

プールの水の温度

① たてのじくの１めもりは、何度を表していますか。

（　　　　　　）

② 午前 10 時の水の温度は何度ですか。

（　　　　　　）

③ 水の温度がいちばん高いのは何時ですか。

また、そのときの水の温度は何度ですか。

（　　　　）時、（　　　　）度

④ 水の温度の上がり方がいちばん大きいのは、何時と何時の間ですか。

（　　　　　　）

2 みよさんの組の 34 人について、先週一週間のわすれ物調べをしました。

あいているところに人数をかきましょう。

各7点（35点）

わすれ物調べ　　（人）

		ハンカチ		合計
		×	○	
文ぼう具	×	9	④	③
	○	①	4	②
合計		15	⑤	34

×…わすれ物をした。

○…わすれ物をしなかった。

3 下の表は、１本 40 円のえんぴつを何本か買ったときの、えんぴつの数と代金の関係を表しています。

各10点（30点）

えんぴつの数（本）	1	2	3	4	5
代金（円）	40				

① 表のあいているところに数をかきましょう。

② えんぴつの数を□本、代金を△円として、□と△の関係を式に表しましょう。

（　　　　　　）

③ 代金が 320 円のときのえんぴつの数は何本ですか。

（　　　　　　）

日本文教版・小学算数４年

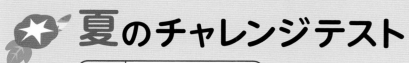 夏のチャレンジテスト

教科書 上12〜108ページ

名
前

月　　日

時間
40分

こうかく80点
／100

答え50ページ ➡

知識・技能　／82点

1 次の数を数字でかきましょう。　各2点(6点)

① 六兆七百億

（　　　　　　　　）

② １兆を2こと、1000万を9こと、10万を5こ
あわせた数

（　　　　　　　　）

③ １億を350こ集めた数

（　　　　　　　　）

2 次の図の⑦、⑦の角度は、それぞれ何度ですか。
各2点(4点)

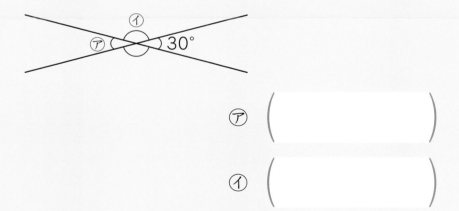

⑦ （　　　　　　　）

⑦ （　　　　　　　）

3 次の数をかきましょう。　各3点(9点)

① 3.572 の $\frac{1}{100}$ の位の数字

（　　　　　　　）

② １を3こと、0.1を4こと、0.01を7こあわせ
た数

（　　　　　　　）

③ 0.01を372こ集めた数

（　　　　　　　）

4 3650億の10倍、100倍、$\frac{1}{10}$ の数を数字で
かきましょう。　各2点(6点)

10倍 （　　　　　　　　　）

100倍 （　　　　　　　　　）

$\frac{1}{10}$ （　　　　　　　　　）

5 分度器を使って、次の角度をはかりましょう。
各3点(6点)

①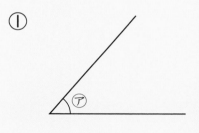

（　　　　　　　）

②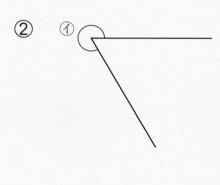

（　　　　　　　）

6 次の問題に答えましょう。　各3点(6点)

① 124965 を四捨五入して、上から2けたのがい
数にしましょう。

（　　　　　　　）

② 四捨五入して、百の位までのがい数にしたとき、
1800になる整数のはんいを、「以上」と「未満」
を使って表しましょう。

（　　　　　　　）

うらにも問題があります。

7 わり算をしましょう。　　　　　各3点(18点)

① 6)78

② 3)59

③ 7)931

④ 8)456

⑤ 5)236

⑥ 4)567

8 ゆみかさんは、7月6日の気温をはかり、グラフにまとめました。　　　　　各3点(9点)

7月6日の気温
(度)

① 気温がいちばん高かったのは何時ですか。

（　　　　　　　　）

② この日、午前6時から午前10時までの間に、気温は何度上がっていますか。

（　　　　　　　　）

③ この日、気温の変化がいちばん大きかったのは、何時から何時の間ですか。

（　　　　　　　　）

夏のチャレンジテスト(裏)

9 次の計算をしましょう。　　　　　各3点(18点)

① 　5.4
　+2.3

② 　8.16
　+3.75

③ 　9.86
　+2.54

④ 　3.7
　-1.64

⑤ 　6
　-4.65

⑥ 　13.82
　-　5.57

思考・判断・表現　　　　　／18点

10 537まいの色紙で、8まいずつの束をつくります。1人に1束ずつ配ると、何人に配れて、何まいあまりますか。　　　式・答え 各3点(6点)

式

答え（　　　　　　　　　　　　　　　）

11 5Lの牛乳があります。このうち、1.4Lの牛乳を飲みました。　　　式・答え 各3点(12点)

① 牛乳は何dL残っていますか。

式

答え（　　　　　　　　）

② 残りの牛乳を、半分ずつに分けます。何dLずつに分けますか。

式

答え（　　　　　　　　）

 **冬のチャレンジテスト**

教科書 上111〜下76ページ

名前

月　　　日

時間 **40**分

ごうかく80点
／100

答え**52**ページ ➡

知識・技能　　　　　　　　　　　　　／83点

1 次のいろいろな形のとくちょうについて答えましょう。それぞれの図で、同じ印のところは辺の長さが等しいことを表しています。

各3点(12点)

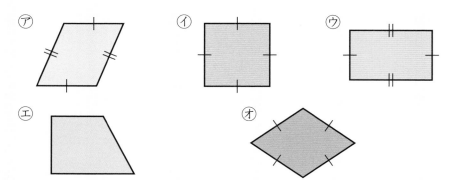

① ㋐と㋔の形を何といいますか。

㋐（　　　　　　）　㋔（　　　　　　）

② 2本の対角線が垂直に交わるのは、㋐から㋔のうちどれですか。
すべて答えましょう。
（　　　　　　）

③ 2本の対角線の長さが等しくなるのは、㋐から㋔のうちどれですか。
すべて答えましょう。
（　　　　　　）

2 □ にあてはまる数をかきましょう。 各2点(4点)

① (37+18)+82=37+（□+82）

② (15+3)×6=□×6+3×6

3 □ にあてはまる数をかきましょう。 各3点(9点)

① 2500 m² = □ a

② 4000 a = □ ha

③ 3600 ha = □ km²

---

4 わり算をしましょう。 各3点(18点)

① 16)128

② 29)87

③ 38)950

④ 19)313

⑤ 37)314

⑥ 12)971

5 次の計算をしましょう。 各2点(4点)

① 60−(23−18)

② 150−30×2

6 計算のきまりを使って、くふうして計算しましょう。 各3点(6点)

① 37×25×4

② 98×28

冬のチャレンジテスト(表)

🔄 うらにも問題があります。

7 次の図の面積を求めましょう。　各3点(6点)

①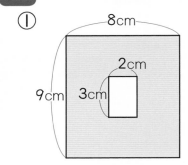

②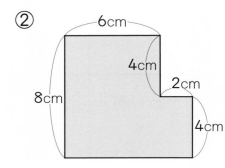

(　　　　　)　(　　　　　)

8 次の分数を真分数、仮分数、帯分数に分けましょう。　各2点(6点)

$\dfrac{4}{3}$　$\dfrac{5}{7}$　$3\dfrac{1}{2}$　$\dfrac{1}{27}$　$\dfrac{15}{17}$　$\dfrac{21}{13}$　$5\dfrac{3}{4}$　$\dfrac{3}{3}$　$\dfrac{10}{1}$

真分数 (　　　　　　)

仮分数 (　　　　　　)

帯分数 (　　　　　　)

9 仮分数は帯分数か整数に、帯分数は仮分数になおしましょう。　各2点(6点)

① $\dfrac{12}{7}$　　② $\dfrac{16}{4}$　　③ $1\dfrac{7}{9}$

(　　)　(　　)　(　　)

10 次の計算をしましょう。　各2点(12点)

① $\dfrac{2}{8}+\dfrac{7}{8}$　　② $2\dfrac{2}{3}+1\dfrac{2}{3}$

③ $1\dfrac{3}{7}+\dfrac{4}{7}$　　④ $\dfrac{11}{8}-\dfrac{5}{8}$

⑤ $3\dfrac{4}{11}-1\dfrac{9}{11}$　　⑥ $7-\dfrac{5}{9}$

思考・判断・表現　　　　　　　／17点

11 $1\dfrac{4}{9}$ m あるリボンのうち、$\dfrac{5}{9}$ m 使いました。リボンは何 m 残っていますか。　式・答え 各3点(6点)

式

答え (　　　　　　)

12 226 このあめ玉を、16 人で同じ数ずつ分けます。1 人分は何こになって、何こあまりますか。　式・答え 各3点(6点)

式

答え (　　　　　　)

13 下の図の面積は 40 cm² です。□にあてはまる数を答えましょう。　(5点)

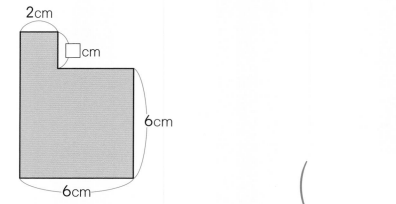

(　　　　　　)

 **春のチャレンジテスト**

教科書 下79〜135ページ

名前

月　日

時間 **40**分

ごうかく80点 ／100

答え**54**ページ ➡

知識・技能 ／60点

1 □ にあてはまることばをかきましょう。

各2点(12点)

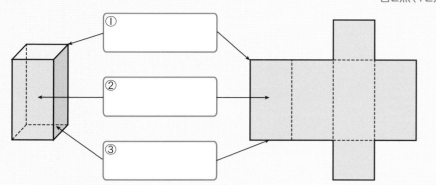

左側（ひだりがわ）の図のような立体を ④ □ といいます。

また、右側の図を ⑤ □ といい、左側の図を

⑥ □ といいます。

---

2 下の図のように、1辺（べん）の長さが2cmの正方形を横にならべて、長方形をつくっていきます。

各3点(6点)

 1こ　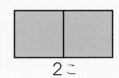 2こ　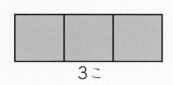 3こ

① 正方形の数と長方形の面積（めんせき）を調べて、下の表に整理しましょう。

正方形の数（こ）	1	2	3	4	5
長方形の面積（cm²）					

② 正方形の数が□このときの長方形の面積を△cm²として、□と△の関係（かんけい）を式に表しましょう。

（　　　　　　　　　　　）

---

3 下の図で、⑦の位置（いち）は（東1m、北2m）と表すことができます。

各2点(6点)

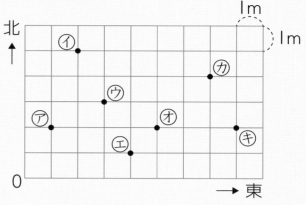

① ④、⑦の位置を表しましょう。

④ （　　　　　　　　　）

⑦ （　　　　　　　　　）

② （東5m、北2m）と表せるのは、⑨から㋖のどの点ですか。

（　　　　　　　　　）

---

4 かけ算をしましょう。

各3点(12点)

①
```
  3.4
×  8
```

②
```
  9.6
×24
```

③
```
 0.84
×  36
```

④
```
 1.65
×  82
```

---

5 わりきれるまで計算しましょう。

各3点(12点)

① 6）19.8

② 13）29.9

③ 4）3.4

④ 26）81.12

---

6 商は $\frac{1}{100}$ の位まで計算して、あまりも求めましょう。

各3点(6点)

①
$$12 \overline{)54.3}$$

②
$$60 \overline{)71}$$

7 答えは四捨五入して、$\frac{1}{100}$ の位までのがい数で求めましょう。

各3点(6点)

①
$$7 \overline{)15}$$

②
$$12 \overline{)25}$$

8 ある数に 26 をかけるつもりが、まちがえて 19 をかけたので、答えが 11.4 になりました。　各4点(8点)

① ある数はいくつですか。

(　　　　　　　　)

② 正しい計算をしたときの答えを求めましょう。

(　　　　　　　　)

9 けんじさんは、498 円のプラモデルと、189 円のボンドと、312 円の電池を買いました。

代金の合計は約何円になりますか。

四捨五入して百の位までのがい数で求めましょう。

式・答え 各4点(8点)

式

答え (　　　　　　　　)

10 高さが 8 m の図書館と 12 m のビルがあります。

ビルの高さは、図書館の高さの何倍ですか。

式・答え 各5点(10点)

式

答え (　　　　　　　　)

11 16.8 m のロープを切って、同じ長さの 7 本のロープをつくります。

切ってつくるロープ 1 本の長さは、何 m になりますか。

式・答え 各5点(10点)

式

答え (　　　　　　　　)

12 立方体の展開図として、正しくないものはどれですか。

(4点)

㋐ 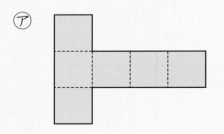　　㋑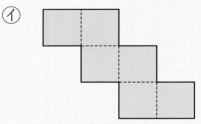

㋒ 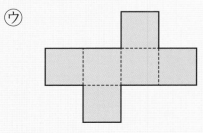　　㋓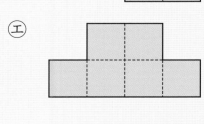

(　　　　　　　　)

4年 算数のまとめ　学力しんだんテスト

名前

月　日

時間 **40**分

ごうかく80点
／100

答え**56**ページ

1 次の数を数字で書きましょう。　各2点(4点)

① 10億を5こ、1000万を2こあわせた数

（　　　　　　　　　　）

② 1億を10000倍した数

（　　　　　　　　　　）

2 次の計算をしましょう。②は商を一の位まで求めて、あまりもだしましょう。⑥はわり切れるまで計算しましょう。　各2点(20点)

①
$$39\overline{)117}$$

②
$$17\overline{)436}$$

③
$$\begin{array}{r} 2.58 \\ +1.46 \\ \hline \end{array}$$

④
$$\begin{array}{r} 5.31 \\ -4.67 \\ \hline \end{array}$$

⑤
$$\begin{array}{r} 3.7 \\ \times 29 \\ \hline \end{array}$$

⑥
$$24\overline{)8.4}$$

⑦ $\dfrac{5}{7} + \dfrac{4}{7}$

⑧ $1\dfrac{4}{5} + \dfrac{2}{5}$

⑨ $\dfrac{11}{8} - \dfrac{5}{8}$

⑩ $1\dfrac{1}{4} - \dfrac{2}{4}$

3 1組と2組で、いちごとみかんのどちらが好きかを調べたら、下の表のようになりました。①〜③にあてはまる数を書きましょう。　各2点(6点)

	いちご	みかん	合計
1組	①	②	14
2組	③	11	19
合計	17	16	33

4 次の問題に答えましょう。　式・答え 各2点(8点)

① たて20m、横30mの長方形の花だんの面積は何m²ですか。

式

答え（　　　　　　　　）

② 1辺が500mの正方形の土地の面積は何haですか。

式

答え（　　　　　　　　）

5 次の㋐、㋑、㋒の角はそれぞれ何度ですか。　各2点(6点)

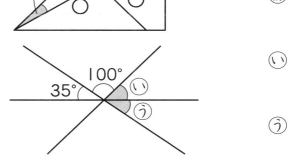

㋐（　　　　　　　）

㋑（　　　　　　　）

㋒（　　　　　　　）

6 次のせいしつにあてはまる四角形を、　　の㋐〜㋔からすべて選んで、記号で答えましょう。　全部できて 各3点(9点)

① 向かい合った2組の辺が平行である。

（　　　　　　　　　　）

② 向かい合った2組の角の大きさが等しい。

（　　　　　　　　　　）

③ 2つの対角線の長さが等しい。

（　　　　　　　　　　）

㋐ 長方形	㋑ 正方形	㋒ 台形
㋓ 平行四辺形	㋔ ひし形	

7 右の立方体のてん開図を組み立てたときの形について答えましょう。

全部できて 各3点(6点)

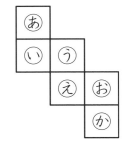

① あの面と平行な面はどれですか。

（　　　　　　　）

② おの面に垂直（すいちょく）な面はどれですか。

（　　　　　　　）

8 次の計算をしましょう。

各2点(6点)

① 40＋15÷3　　② 72÷(2×4)

③ 9×(8−4÷2)

9 下の図のように、1辺（べん）が1cmの正方形の紙をならべて、順（じゅん）に大きな正方形をつくっていきます。だんの数とまわりの長さの変（か）わり方を調べましょう。

①全部できて 3点、②2点、③式・答え 各3点(11点)

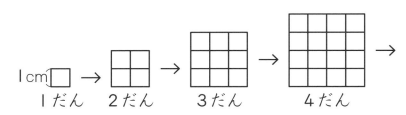

1cm□ → 2だん → 3だん → 4だん →
1だん

① 表のあいているところに数を書きましょう。

だんの数（だん）	1	2	3	4	5	6	7
まわりの長さ（cm）	4						

② だんの数を○だん、まわりの長さを△cmとして、○と△の関係（かんけい）を式に書きましょう。

（　　　　　　　）

③ だんの数が9だんのとき、まわりの長さは何cmになりますか。

式

答え（　　　　　　　）

10 はるとさんは、1日に2300mの道のりを、1年間で192日走ることにしました。1年間で走る道のりを電たくで計算すると、44160mになりました。

これを見て、はるとさんは、電たくをおしまちがえたことに気がつきました。どのように考えてまちがいに気がついたのか、次の□にあてはまる数やことばを書いて答えましょう。

各3点(18点)

2300を上から1けたのがい数になおすと、

①

、192を上から1けたのがい数になおす

と、

②

です。

これを計算すると、

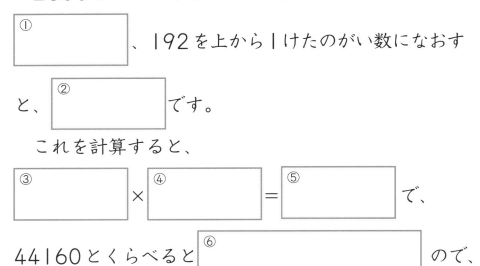

③		×	④		＝	⑤	

で、

44160とくらべると

⑥

ので、

2300を230とおしまちがえたと考えられます。

11 あおいさんの話をよんで、あとの問題に答えましょう。

各3点(6点)

あおい

水そうに水を入れていたとき、とちゅうで6分間水をとめたよ。

① 下のあ、いのうち、あおいさんの話に合う折れ線（おれせん）グラフを選（えら）びましょう。

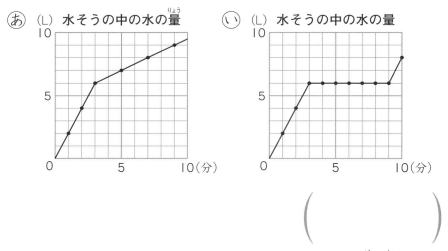

あ (L) 水そうの中の水の量（りょう）

い (L) 水そうの中の水の量

（　　　　　　　）

② ①のグラフを選んだのはなぜですか。説明（せつめい）しましょう。

（　　　　　　　　　　　　　　）

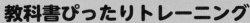

教科書ぴったりトレーニング

答えとてびき

日本文教版　算数4年

右段のてびきでは、次のようなものを示しています。
・学習のねらいやポイント
・他の学年や他の単元の学習内容とのつながり
・まちがいやすいことやつまずきやすいところ
お子様への説明や、学習内容の把握などにご活用ください。

答え合わせの時間短縮に 丸つけラクラク解答 **デジタル**もご活用ください！

右の QR コードをスマートフォンなどで読み取ると、
赤字解答の入った本文紙面を見ながら簡単に答え合わせができます。

丸つけラクラク解答デジタルは以下の URL からも確認できます。
https://www.shinko-keirinwebshop.com/shinko/2024pt/rakurakudegi/MNB4da/index.html

※丸つけラクラク解答デジタルは無料でご利用いただけますが、通信料金はお客様のご負担となります。
※QR コードは株式会社デンソーウェーブの登録商標です。

❶ 大きい数

ぴったり1　じゅんび　2ページ

1 二兆八千三百四十六億
2 10、60
3 4、3820、43820

ぴったり2　練習　3ページ

1 ①五千二百八十億
②九十一兆三百八十四億七百五十万二千六百

2 ①千の位　②一兆の位　③9

3 ①370000000000
②1008000000000
③50000670000000

4 4000億、1兆2000億

5 ①5023000000000
②3600000000000
③20000034500000

てびき

1 大きい数をよむときは、4けたごとに区切って、数字と数字の間に印をかいておくとわかりやすくなります。

2 4けたごとに、万、億、兆と位が変わります。万、億、兆の区切りごとに、一の位、十の位、百の位、千の位がくり返されます。

3 0のつけわすれに注意しましょう。

4 1めもりは1000億を表しています。

5 ①1兆が5こで5兆、1億が230こで230億です。
②1000億が36こで3兆6000億です。

1

1 ①1 ②350 ③2 ④3500
2 1、3500
3 100000000

てびき

1 10倍…240億
　100倍…2400億
　$\frac{1}{10}$…2億4000万

1 10倍すると、位が1けたずつ上がります。100倍すると、位が2けたずつ上がります。つまり10倍すると、もとの数の右に0を1こつけた数になり、100倍すると、もとの数の右に0を2こつけた数になります。
　$\frac{1}{10}$にすると、位が1けたずつ下がります。

2 ①650億、百億、十億
　②19兆、十兆、一兆

2 ①数を10倍すると、位が1けたずつ上がります。十億の位の6は、10倍すると百億の位の数字になります。
　②数を$\frac{1}{10}$にすると、位が1けたずつ下がります。百兆の位の1は、$\frac{1}{10}$にすると十兆の位の数字になります。

3 ①270億　　②70兆
　③2兆7000億　④42億

3 ③270億を100倍すると、位が2けたずつ上がって、200億は2兆、70億は7000億となります。

4 99999999999

4 それぞれの位の数字が9のとき、いちばん大きい数となります。

5 1023456789

5 0から9までの数字をすべて使うので、答えは必ず10けたになります。
　十億の位の数字を1にして、そのあとは小さい順に残りの数字をつなげます。

1 710、50552
2 000

てびき

1 ①104521　②48824　③70890
　④56916　⑤353910　⑥295470

1
①　　　127
　　　×823
　　　　381
　　　254
　　1016
　104521

⑤　　　705
　　　×502
　　　1410
　　3525
　353910

2 100、10、1000、3

2 かけられる数は100倍、かける数は10倍だから、答えは1000倍です。

③ ①
```
    4800
  ×260
   288
  96
 1248000
```
②
```
    650
  ×3200
   130
  195
 2080000
```

③ ①48×26の計算をして、省いた0を3こつけます。

②65×32の計算をして、省いた0を3こつけます。

ぴったり3 たしかめのテスト　8〜9ページ　てびき

① ①七兆二千三十五億二百八十三万

②十兆三億九百万四千五百三十

② ①500403089070

②8300100000064

③30601100002000

③ ①213369000000000

②107043062000000

③3000000000000

④ ア…2億　イ…7億　ウ…13億

⑤ ①3億　　②280億

③8100億　④4兆7000億

⑤52兆　　⑥7000億

⑥ ①876543210

②102345678

③387654210

はってん

① 70021685240110000

① 右から4けたごとに区切ってよみます。数字が0の位はよみません。

② 左から順に数字をかいていき、よみのない位には0をかきます。

③ ①1兆が21こで21兆、1億が3369こで3369億だから、21兆3369億と考えて、数字でかきます。

②1兆が107こで107兆、1億が430こで430億、1万が6200こで6200万だから、107兆430億6200万と考えます。

③1000億が30こで3兆となります。

④ 1めもりは1億を表しています。

⑤ ①10倍するから、位が1けたずつ上がります。

⑥ $\frac{1}{10}$ にするから、位が1けたずつ下がります。

⑥ ②いちばん大きい位は一億だから、一億の位は1で、千万の位にいちばん小さい数字0をもってきます。

③一億の位が3で、千万の位にはいちばん大きい数字8をもってきます。

① 1京は17けたになります。

2 わり算(1)

ぴったり1 じゅんび　10ページ

1 ①3　②6　③1　④6　⑤12

2 ①12　②2　③12　④2

ぴったり2 練習　11ページ　てびき

1 ①15　②15　③49

① ①
```
    15
 3)45
   3
   15
   15
    0
```
②
```
    15
 5)75
   5
   25
   25
    0
```
③
```
    49
 2)98
   8
   18
   18
    0
```

2 ①14あまり1
　　答えのたしかめ…4×14+1=57
　②15あまり2
　　答えのたしかめ…6×15+2=92

3 ①20あまり2　②20あまり3
　③10あまり5　④32あまり2
　⑤43あまり1　⑥21あまり1

4 ①8あまり1　②6あまり6　③8あまり3

2
```
①    14        ②    15
   4)57           6)92
     4              6
    17             32
    16             30
     1              2
```

3
```
①    20       ②    20       ③    10
   3)62          4)83          7)75
     6             8             7
     2             3             5

④    32       ⑤    43       ⑥    21
   3)98          2)87          4)85
     9             8             8
     8             7             5
     6             6             4
     2             1             1
```

4
```
①     8       ②     6       ③     8
   3)25          8)54          9)75
     24            48            72
      1             6             3
```

ぴったり1 じゅんび **12**ページ

1 47、1
2 20、1、21

ぴったり2 練習 **13**ページ

てびき

1 ①300　②80　③50

1 ①100のまとまり6こを、2こに分けると考えます。
　②10のまとまり24こを、3こに分けると考えます。
　③10のまとまり20こを、4こに分けると考えます。

2 ①245あまり1　②173あまり2
　③344あまり1　④240あまり2
　⑤104あまり1　⑥100あまり3

2
```
①    245      ②    173      ③    344
   3)736         5)867         2)689
     6             5             6
    13            36            8
    12            35            8
    16            17            9
    15            15            8
     1             2             1

④    240      ⑤    104      ⑥    100
   3)722         7)729         4)403
     6             7             4
    12            29            3
    12            28
     2             1
```

4

3 ①87 あまり5　②72　③50 あまり7

4 ①12　②12　③26
　　④51　⑤150　⑥370

3
①
```
      87
6)527
   48
   47
   42
    5
```
②
```
      72
4)288
   28
    8
    8
    0
```
③
```
      50
8)407
   40
    7
```

4 ②84 を 70 と 14 に分けて考えます。
　　⑥740 を 600 と 140 に分けて考えます。

ぴったり3 たしかめのテスト　14〜15ページ　てびき

1 あ、う

2
①
```
      51
7)359
   35
    9
    7
    2
```
②
```
     105
4)420
   4
   20
   20
    0
```

3 ①13　②12 あまり2　③20 あまり2

4 ①14 あまり4
　　答えのたしかめ…5×14＋4＝74
　　②28 あまり2
　　答えのたしかめ…3×28＋2＝86

5 ①178 あまり2　②129 あまり1
　　③130 あまり3　④109　⑤86
　　⑥59 あまり4

6 ①18　②14
　　③74　④130

7 式　178÷5＝35 あまり3
　　答え　1人分は 35 まいで、3まいあまる。

8 式　76÷6＝12 あまり4
　　12＋1＝13　　　　答え　13回

1 わられる数の百の位の数字が、わる数の6と等しいか6より大きいとき、商は百の位からたちます。

2 どの位に答えがたつかを考えます。
　①3÷7で百の位には商はたちません。
　②百の位の計算は4÷4で1をたてます。

3
①
```
      13
4)52
  4
  12
  12
   0
```
②
```
      12
7)86
  7
  16
  14
   2
```
③
```
      20
3)62
  6
   2
```

4 答えは、
わる数×商＋あまり＝わられる数
でたしかめます。

5
①
```
     178
5)892
  5
  39
  35
   42
   40
    2
```
②
```
     129
7)904
  7
  20
  14
   64
   63
    1
```
③
```
     130
4)523
  4
  12
  12
   3
```
④
```
     109
8)872
  8
  72
  72
   0
```
⑤
```
      86
4)344
  32
  24
  24
   0
```
⑥
```
      59
8)476
  40
  76
  72
   4
```

6 ④910 を 700 と 210 に分けて考えます。

7 答えのたしかめをすると、5×35＋3＝178

8 あまりの4本を運ぶ1回をたします。商が12 だから、12回としていませんか。よく問題文を読んで、何をきいているか考えます。

5

❸ 折れ線グラフと表

ぴったり❶ じゅんび 　**16**ページ

1 (1)8　(2)午後2　(3)午後3

2 (1)午前9、午前10　(2)午後4、午後5　(3)午後3、午後4

ぴったり❷ 練習 　**17**ページ　　　　　　　　　　　　　**てびき**

1 ①横のじく…時こく、たてのじく…気温
　②横のじく…1時間、たてのじく…1度
　③24度　④午後2時
　⑤午前9時と午前10時の間

2 ①午前6時、9度
　②午後2時、2度

1 ④折れ線グラフが右下がりになってきたところです。
　⑤右上がりのかたむきがいちばん急なところをさがします。

2 たてのじくの1めもりは1度です。
　①2つのグラフの間のめもりの数のいちばん多いところを見ます。
　②2つのグラフの間のめもりの数のいちばん少ないところを見ます。

ぴったり❶ じゅんび 　**18**ページ

1 小さい、急

2 (1)8　(2)9

ぴったり❷ 練習 　**19**ページ　　　　　　　　　　　　　**てびき**

1 ①う　②60

2 ①1月から7月までの間
　②18度
　③5月

2 ①気温を表しているのは折れ線グラフなので、折れ線グラフが右上がりになっているのは何月から何月までかを答えます。
　②折れ線グラフのめもりは、たてのじくの左側を読みます。
　③降水量を表しているのはぼうグラフなので、ぼうがいちばん短い月を答えます。

ぴったり❶ じゅんび 　**20**ページ

1 ❶時こく、温度　❷温度、直線

2

あきおさんの体重 （毎月10日調べ）

6

1 かおるさんの体重（毎年の誕生日調べ）

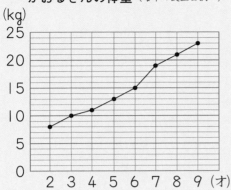

2 まさおさんの体重（毎月10日調べ）

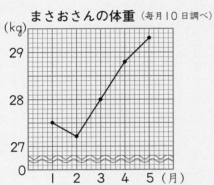

1 体重がもっとも重いのは 23 kg ですから、たてのじくのいちばん上のめもりを 25 kg とします。1 めもりで 1 kg を表します。

2 体重が 27 kg より下になることがないので、〰〰 を使って省きます。
たてのじくの 1 めもりは、0.1 kg です。

1 すりきず
2 3、好き

1 ①⑦T ④2 ⑦6
   ⑤T ⑦2 ⑦6
   ⑦6 ⑦5 ⑦24
②黒色のタクシー

2 ①24 人
②4 人
③35 人

1 数を数えるときは、正の字をかいて数えます。
⑦のらんは、たての合計と横の合計が同じ数にならなければいけません。

2 ①一輪車に乗れて、竹馬ができる人、竹馬ができない人の両方をあわせた数です。
②竹馬ができて、一輪車に乗れない人です。
③表の中の全部の人数をたします。

1
①午後2時、14度
②5度
③午後4時と午後6時の間

2

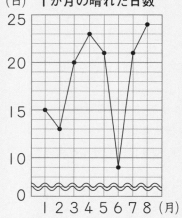

（日）　1か月の晴れた日数

1 2 3 4 5 6 7 8（月）

3
①⑦5　④12　⑦5
　⑤8　㋩57
②3人
③すりきずをした人
④57人

4
①5人
②3人
③8人

1
②午後4時の気温は12度、午後6時の気温は7度ですから、12−7＝5
③午後4時の気温は12度、午後6時の気温は7度ですから、12−7＝5（度）の差があり、グラフのかたむきも、いちばん急になっています。

2
表題もかきます。
　いちばん多い日数が24日、いちばん少ない日数が9日なので、どちらも表せるようにめもりを考えます。

3
表の見方は、たてと横のらんの交わったところを見ます。
①㋩は、たての合計と横の合計が同じ数にならなければいけません。

4
③下の表の▨のところに、平泳ぎのできない人が入っています。
　その合計は8人です。

平泳ぎとクロール調べ　（人）

		クロール		合計
		できる	できない	
平泳ぎ	できる	16	8	24
	できない	5	3	8
	合計	21	11	32

④ 角と角度

1 アイ、アウ、50

てびき

❶ ①90
　②2、180
　③4、360

❷ ①45°　②35°

❸ 200°

❹ ㋐130°　㋑50°　㋒130°
　向かいあう角の大きさは同じです。

❺ ①15°　②105°

---

❶ 半回転の角度は180°であることを覚えておきましょう。

❷ 角の向きがちがっていても、分度器には左右両方からはかれるめもりがあります。
分度器の中心を頂点に、0°の線を辺にあわせてはかることが大切です。

❸ 180°より何度大きいかを考えます。
図で、㋑の角度をはかると20°だから、
㋐＝180°＋20°＝200°

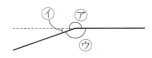

また、360°より何度小さいかで考えることもできます。図で、㋒の角度をはかると160°だから、
㋐＝360°－160°＝200°

❹ 半回転（一直線）の角度は180°ですから、
㋐＝180°－50°＝130°
㋑＝180°－㋐＝180°－130°＝50°
㋒＝180°－50°＝130°
2つの直線が交わってできる角では、向かいあう角の大きさは同じになります。
この考えを使うと、
㋐＝180°－50°＝130°が求められれば、
㋐＝㋒＝130°、
㋑＝50°がわかります。

❺ 三角定規の角度は、下の図のようになっています。
㋐＝45°－30°＝15°
㋑＝60°＋45°＝105°
で求められます。

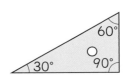

1 ②ア、アイ ③50、ウ ④ア、ウ
2 ❶6 ❷60 ❸30 ❹ウ

てびき

❶ ① 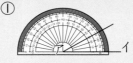 ②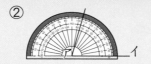

③

❷ ①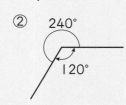

240°
60°

②
240°
120°

❸ ①
ウ
45°　45°
ア　5cm　イ

②
ウ
120°
30°
ア
6cm　イ

❶ アの点に分度器の中心をあわせます。
辺アイに分度器の0°の線をあわせます。①は分
度器の30°のところ、②は75°のところ、③は
140°のところに点をうって、その点とアをつな
ぎます。

❷ 240°の角は分度器にはないので、半回転の角
180°を利用してかきます。
①240°－180°＝60°から、半回転の角より60°
大きい角をかきます。
②360°－240°＝120°から、1回転の角より
120°小さい角をかきます。

❸ ①5cmの辺アイをかきます。
次に、点アに分度器の中心をあわせ、45°の
角をかきます。
次に、点イに分度器の中心をあわせ、45°の角
をかきます。
2つの直線が交わったところが点ウになります。
②6cmの辺アイをかきます。
次に、点アに分度器の中心をあわせ、30°の
角をかきます。
次に、点イに分度器の中心をあわせ、120°の
角をかきます。
2つの直線が交わったところが点ウになります。

1 ①65° ②140° ③340°

2 ㋐60°
　㋑120°
　㋒60°

3 ①

② 230° 50°

4 ①
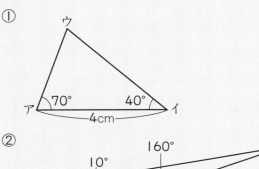

②

ウ
160°
10°
ア
5cm　イ

5 ①120° ②45° ③150°

はってん

1 ①150° ②240°

---

1 ③ ⟍ は 20° なので、
　360°−20°＝340° となります。

2 ㋐＝180°−120°＝60°
　㋑＝180°−㋐＝180°−60°＝120°
　㋒＝180°−120°＝60°
　また、2本の直線が交わってできる向かいあった
　角の大きさは等しいことを使ってもよいです。

3 ②230°は、180°より何度大きいかを考えます。
　　230°−180°＝50°
　半回転の角より50°大きい角をかきます。
　また、360°より何度小さいかを考えて、
　360°−230°＝130°
　1回転の角より130°小さい角をかいてもよい
　です。

4 ①はじめに4cmの辺アイをかきます。
　　次に、点アに分度器の中心をあわせ、70°の
　　角をかきます。
　　次に、点イに分度器の中心をあわせ、40°の角
　　をかきます。
　　2つの直線が交わったところが点ウになります。
　②はじめに5cmの辺アイをかきます。
　　次に、点アに分度器の中心をあわせ、10°の角
　　をかきます。
　　次に、点イに分度器の中心をあわせ、160°の
　　角をかきます。
　　2つの直線が交わったところが点ウになります。

5 三角定規の角は、30°、60°、90°と、
　45°、45°、90°であることをよく覚えておきま
　しょう。
　①90°＋30°＝120°
　②90°−45°＝45°
　③90°＋60°＝150°

1 時計の短いはりは、6時間で180°、1時間では
　180°÷6＝30° まわるから、それぞれ、12時
　から何時間後に短いはりがあるかを考えます。
　①30°×5＝150°
　②30°×8＝240°

⑤ およその数

ぴったり1 じゅんび **32**ページ

1 ①千 ②千 ③8 ④上げ ⑤50000

2 ①3 ②上げ ③85000

3 ①十 ②1450 ③1549 ④1450
⑤1549 ⑥1450 ⑦未満

ぴったり2 練習 **33**ページ

てびき

1 ①1600 ②7000
③3300 ④70000
⑤30000 ⑥900000

2 十の位

3 ①33000 ②55000
③910000 ④110000
⑤900000 ⑥200000

4 ①○
②○

5 3450以上 3549以下
3450以上 3550未満

6 いちばん小さい整数…234500
いちばん大きい整数…235499

1 ①百の位までのがい数だから、十の位で四捨五入をします。
⑥千の位を四捨五入して、一万の位に1くり上がったとき、9もくり上がります。

2 一の位は、四捨五入すると切り捨てになります。十の位を切り上げると百の位と千の位は0になり、一万の位が8になります。

3 上から2けたのがい数だから、3けためを四捨五入します。

4 百の位までのがい数だから、十の位を四捨五入します。

5 3549以下は3549がはいりますが、3550未満は3550がはいりません。

6 百の位を四捨五入するときの整数を考えます。235500だと236000になりますから、それより1小さい整数を考えます。

1 (1)100
　(2)①8800　②5900
　　③4800　④3800
　(3)

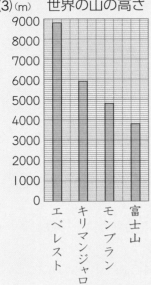

(m)　世界の山の高さ

ぴったり2 練習　35 ページ　てびき

1 ①1000 m
　②100 m
　③百の位
　④大雪山…2300 m
　　浅間山…2600 m
　　阿蘇山…1600 m
　　赤石岳…3100 m
　⑤

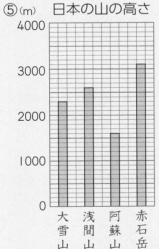

(m)　日本の山の高さ

1 ①②グラフを見ると、10めもりが1000mを
　　表しているので、1めもりは100mになりま
　　す。
　③1めもりが100mだから、百の位までのがい
　　数にします。
　④十の位を四捨五入します。

1 あ

2 ①4300　②60000
　③570000　④100000

3 ①3800　②8000

4 ①74000　②51000
　③70000　④50000
　⑤74000　⑥51000

5 2550 以上 2649 以下
　2550 以上 2650 未満

6 ①千の位
　②東スタジアム…28000
　　西スタジアム…18000
　　南スタジアム…23000
　　北スタジアム…31000
　③

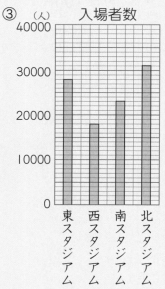

7 ①5
　②5、6、7、8、9

8 いちばん大きい数……254310
　いちばん小さい数……245013

---

2 [　]の中の位までのがい数だから、[　]の中の位の1つ下の位を四捨五入します。
④はくり上がりに注意しましょう。

3 上から3けためを四捨五入します。

4 ①②千の位までのがい数は、百の位を四捨五入します。
③④一万の位までのがい数は、千の位を四捨五入します。
⑤⑥上から2けたのがい数は、上から3けためを、この場合は百の位を四捨五入します。

5 十の位を四捨五入して2600になる数を求めます。
以下はその数がはいり、未満はその数がはいりません。

6 ①グラフを見ると、10めもりが10000人を表しているので、グラフの1めもりは1000人を表しています。
②百の位を四捨五入します。
③めもりにあわせて、②で求めた数をグラフにかきます。

7 一万の位までのがい数にするときは、千の位を四捨五入します。
①2□3589は、千の位の3を四捨五入して切り捨てると、250000になります。
②24□316は、□の数を四捨五入して切り上げると、250000になります。

8 いちばん大きい数は、千の位を切り捨てて、いちばん小さい数は、千の位を切り上げて、250000になる数を考えます。

6 小数

ぴったり1 じゅんび 38 ページ

1 1.5、0.03、1.53
2 4.265

ぴったり2 練習 39 ページ

てびき

1 ①2.22 L　②0.48 L

1 ①2 L と 0.2 L と 0.02 L をあわせたかさだから、2.22 L です。
　②0.1 L が4こ分で 0.4 L と、0.01 L が8こ分で 0.08 L、あわせて 0.48 L です。

2 ①8こ　②20こ

2 ②0.01 L は 0.1 L の $\frac{1}{10}$ です。だから、0.01 L が 10 こで 0.1 L です。
　0.2 L は 0.01 L を 20 こ集めたかさです。

3 ①1.28 L　②4.07 L

3 ①1 L が1こで1 L、0.1 L が2こで 0.2 L、0.01 L が8こで 0.08 L だから、あわせて 1.28 L
　②1 L が4こで4 L、0.01 L が7こで 0.07 L だから、あわせて 4.07 L
　0.1 L はないので0をかきます。

4 ①1　②9　③9　④3　⑤0.3　⑥6
　⑦0.06　⑧2　⑨0.002　⑩9.362

5 ①6.374 km　②1.306 km
　③2.538 kg　④0.86 kg

5 ①1000 m＝1 km　　100 m＝0.1 km
　　10 m＝0.01 km　　1 m＝0.001 km
　　6000 m は 6 km、300 m は 0.3 km、
　　70 m は 0.07 km、4 m は 0.004 km だから、
　　あわせて 6.374 km
　②300 m は 0.3 km、6 m は 0.006 km だから、
　　1.306 km
　③100 g は 1 kg の $\frac{1}{10}$ だから 0.1 kg、
　　10 g は 0.1 kg の $\frac{1}{10}$ だから 0.01 kg、
　　1 g は 0.01 kg の $\frac{1}{10}$ だから 0.001 kg です。
　　2000 g は 2 kg、500 g は 0.5 kg、
　　30 g は 0.03 kg、8 g は 0.008 kg だから、
　　あわせて 2.538 kg
　④800 g は 0.8 kg、60 g は 0.06 kg だから、
　　あわせて 0.86 kg

1 3、5
2 ①300 ②60 ③4 ④364

---

1 ①1000 ②0.001

2 ① 1/100 の位(小数第二位) ②3

3 ①8こ ②318こ ③420こ

4 ①> ②<

5 ①8.1 ②2
③0.081 ④0.02

てびき

1 ①1は0.001より位が3けた上がっているので、1000倍です。

②0.1を 1/100 にすると、位が2けた下がります。

2 ② 1/1000 の位は、小数第三位ともいいます。

3 ③0.01が400こで4、0.01が20こで0.2だから、あわせて420こです。

5 10倍すると、位が1けたずつ上がります。

1/10 にすると、位が1けたずつ下がります。

---

1 (1)5.8、5.8 (2)4.85、4.85
2 (1)3.3、3.3 (2)2.61、2.61

---

1 ①5.77 ②5.67 ③8.23

2 ①9.3 ②6.4 ③5.83
④2.94 ⑤37.84 ⑥8.35

3 ①2.44 ②4.07 ③0.49

4 ①6.1 ②0.4 ③2.57
④5.16 ⑤3.46 ⑥0.05

てびき

1
①
```
  3.54
+ 2.23
------
  5.77
```
②
```
  1.92
+ 3.75
------
  5.67
```
③
```
  1.65
+ 6.58
------
  8.23
```

2
①
```
  6.46
+ 2.84
------
  9.30
```
←答えの0を消す。
②
```
  3.97
+ 2.43
------
  6.40
```
←答えの0を消す。

③
```
  4.70
+ 1.13
------
  5.83
```
←4.7は4.70と考える。
④
```
  0.84
+ 2.10
------
  2.94
```
←2.1は2.10と考える。

⑤
```
  32.70
+  5.14
------
  37.84
```
←32.7は32.70と考える。
⑥
```
  2.00
+ 6.35
------
  8.35
```
←2は2.00と考える。

3
①
```
  4.87
- 2.43
------
  2.44
```
②
```
  7.62
- 3.55
------
  4.07
```
③
```
  8.12
- 7.63
------
  0.49
```

4
①
```
  8.47
- 2.37
------
  6.10
```
←答えの0を消す。
②
```
  0.92
- 0.52
------
  0.40
```
←答えの0を消す。

③
```
  3.00
- 0.43
------
  2.57
```
←3は3.00と考える。
④
```
  7.50
- 2.34
------
  5.16
```
←7.5は7.50と考える。

⑤
```
  5.26
- 1.80
------
  3.46
```
←1.8は1.80と考える。
⑥
```
  5.86
- 5.81
------
  0.05
```

⑤ ①6、4
② 764
③ 0.04

⑤ ②7は 0.01 が 700 こ、0.6 は 0.01 が 60 こ、
0.04 は 0.01 が 4 こだから、あわせて 764
こです。

ぴったり3 たしかめのテスト 44〜45ページ てびき

❶ ①0.001 ②100 ③6 ④3、2、5
⑤2.56 ⑥570 ⑦42.03 ⑧0.16

❶ ④7は 1 が 7 こ、0.3 は 0.1 が 3 こ、0.02 は
0.01 が 2 こ、0.005 は 0.001 が 5 こです。
⑥5は 0.01 が 500 こ、0.7 は 0.01 が 70 こ
だから、あわせて 570 こです。

❷ ①4.26 m ②5.208 km
③0.32 kg ④1.075 kg

❷ ③300 g は 0.3 kg、20 g は 0.02 kg ですから、
0.32 kg となります。
320 kg とはしないようにしましょう。
④1 kg と 75 g と考えます。
75 g は 0.075 kg ですから、1.075 kg とな
ります。
1.75 kg とするまちがいが多いので注意しま
しょう。

❸ 0、0.009、1.06、1.48、1.5

❸ 0はいちばん小さい数です。同じ位の数字が同じ
ときは、次の位でくらべます。1.48 と 1.5 の 4
と 5 では 4 の方が小さい数字です。

❹ ①> ②< ③>

❺ ①9.93 ②5.44 ③6
④4.52 ⑤43.31 ⑥7.89

❺
①
```
  7.64
+ 2.29
──────
  9.93
```
②
```
  3.65
+ 1.79
──────
  5.44
```
③
```
  2.95
+ 3.05
──────
  6.00  ←答えの0を消す。
```
④
```
  3.60  ←3.6は3.60と考える。
+ 0.92
──────
  4.52
```
⑤
```
  38.50  ←38.5は38.50と考える。
+  4.81
───────
  43.31
```
⑥
```
  2.00  ←2は2.00と考える。
+ 5.89
──────
  7.89
```

❻ ①5.79 ②0.12 ③7.5
④0.84 ⑤18.83 ⑥0.04

❻
①
```
  8.15
- 2.36
──────
  5.79
```
②
```
  0.24
- 0.12
──────
  0.12
```
③
```
  8.92
- 1.42
──────
  7.50  ←答えの0を消す。
```
④
```
  3.00  ←3は3.00と考える。
- 2.16
──────
  0.84
```
⑤
```
  28.50  ←28.5は28.50と考える。
-  9.67
───────
  18.83
```
⑥
```
  4.82
- 4.78
──────
  0.04
```

❼ 式 7.82−1.2＝6.62 答え 6.62 kg

❼ 7 kg 820 g は、7.82 kg です。単位をそろえて
ひき算します。

7 わり算(2)

1 ①16　②4　③4　④4
2 ①4　②10　③4　④10

ぴったり2 練習　**47**ページ　　　てびき

1 ①式　8÷4　　　　　　　　答え　2
　　②式　6÷3　　　　　　　　答え　2

2 ①6　②6　③5

3 ①3あまり10
　　　答えのたしかめ…20×3+10=70
　　②2あまり20
　　　答えのたしかめ…30×2+20=80
　　③6あまり30
　　　答えのたしかめ…60×6+30=390
　　④6あまり10
　　　答えのたしかめ…40×6+10=250
　　⑤8あまり20
　　　答えのたしかめ…90×8+20=740
　　⑥6あまり20
　　　答えのたしかめ…30×6+20=200

4 式　500÷70=7あまり10
　　　答え　7本買えて、10円あまる。

1 ①10のまとまり8こを、4こずつに分けると考えます。
　　②10のまとまり6こを、3こずつに分けると考えます。

2 10をもとにして考えると、それぞれ次のわり算で求められます。
　　①18÷3　②42÷7　③40÷8

3 ①10をもとにして考えると、
　　　70 ÷ 20 ＝ 3 あまり 10
　　　　↓÷10　↓÷10　┃同じ
　　　7 ÷ 2 ＝ 3 あまり 1 →10のまとまりが1こ
　　わり算の答えのたしかめは、
　　　わる数×商＋あまり＝わられる数
　　の式でできます。

4 50÷7=7あまり1で、1は10をもとにして考えたので、あまりは10になります。

ぴったり1 じゅんび　**48**ページ

1 ①68　②30　③2　④30
2 ①234　②4　③9　④4

ぴったり2 練習　**49**ページ　　　てびき

1 ①2あまり3　②3あまり4　③4

2 ①3あまり15　②3あまり7　③4

1
①　　　2
　23)49
　　　46
　　　　3
②　　　3
　24)76
　　　72
　　　　4
③　　　4
　12)48
　　　48
　　　　0

2 見当をつけた商が大きすぎたときは、商を1ずつ小さくしていきます。
①　　　3
　24)87
　　　72
　　　15
②　　　3
　12)43
　　　36
　　　　7
③　　　4
　14)56
　　　56
　　　　0

③ ①4あまり10　②6あまり10
　③2あまり25

④ ①6あまり12　②7あまり31
　③5あまり9　④5あまり77
　⑤9あまり9　⑥8あまり1

⑤ ①3あまり5　②3あまり11
　③5あまり9

③

①
```
      4
13)62
   52
   10
```
②
```
      6
12)82
   72
   10
```
③
```
      2
29)83
   58
   25
```

④

①
```
      6
24)156
   144
    12
```
②
```
      7
67)500
   469
    31
```
③
```
      5
39)204
   195
     9
```
④
```
      5
82)487
   410
    77
```
⑤
```
      9
35)324
   315
     9
```
⑥
```
      8
26)209
   208
     1
```

⑤ ①50÷20とみて、商を2と見当をつけます。
```
      2   商を1大きくする    3
16)53                    16)53
   32                       48
   21   わる数より大きい       5
```

②70÷20とみて、商を3と見当をつけます。
```
      3
19)68
   57
   11
```

③90÷20とみて、商を4と見当をつけます。
```
      4   商を1大きくする    5
17)94                    17)94
   68                       85
   26   わる数より大きい       9
```

ぴったり① じゅんび　50ページ

1 ①16　②7　③16　④7　⑤16　⑥7
2 ①20　②16　③20　④16

ぴったり② 練習　51ページ　　　　　　　てびき

1 ①12あまり3
　　答えのたしかめ…23×12+3=279
　②13あまり33
　　答えのたしかめ…53×13+33=722
　③18あまり12
　　答えのたしかめ…35×18+12=642
　④18あまり2
　　答えのたしかめ…46×18+2=830

1

①
```
      12
23)279
   23
   49
   46
    3
```
②
```
      13
53)722
   53
   192
   159
    33
```
③
```
      18
35)642
   35
   292
   280
    12
```
④
```
      18
46)830
   46
   370
   368
    2
```

19

② ①20 ②20あまり9 ③30あまり12

② ①
```
      20
24）480
    48
     0
```
②
```
      20
34）689
    68
     9
```
③
```
      30
16）492
    48
     12
```

③ 式 350÷32＝10あまり30
　　答え　10まいになって、30まいあまる。

③
```
     10
32）350
    32
    30
```

ぴったり1 じゅんび　52ページ

1 ①5　②6　③6　④100　⑤6　⑥6　⑦6
2 ①13　②200　③13　④400　⑤13　⑥400

ぴったり2 練習　53ページ

てびき

1 ①8　②9
　③5　④49
2 ①12　②15
　③9　④30

2 わられる数とわる数を、同じ数でわってから計算
　すると、式が簡単になり、計算しやすくなります。
　①10でわって、72÷6＝12と同じ答え。
　②10でわって、60÷4＝15と同じ答え。
　③5でわって、　27÷3＝9　と同じ答え。
　④7でわって、　90÷3＝30と同じ答え。

3 ①23　　　　　　②6あまり400
　③17あまり200　④6あまり400

3 ①
```
        23
300）6900
    6
    9
    9
    0
```
②
```
        6
800）5200
    48
    400
     ↑
   消した分の
   0をつけます。
```
③
```
        17
400）7000
    4
    30
    28
    200
```
④
```
        6
600）4000
    36
    400
```

1 ①⑤
②あ

2 ①2　②6あまり20
③3あまり19　④7　⑤5
⑥8　⑦6　⑧8あまり8

3 ①70　②27　③24あまり28

4 ①12　②4　③40

5 ①7、8、9
②1、2、3、4

6 式　$20 \times 40 + 16 = 816$
　　$816 \div 24 = 34$　　　　答え　34こ

7 式　$320 \div 24 = 13$あまり8
　　$13 + 1 = 14$　　　　答え　14回

---

1 わられる数とわる数に同じ数をかけたり、わられる数とわる数を同じ数でわったりしているものを選びます。
①⑤は10をかけています。
②あは20をかけています。

2
③
```
      3
22)85
   66
   19
```
④
```
      7
14)98
   98
    0
```
⑤
```
      5
19)95
   95
    0
```
⑥
```
       8
31)248
   248
     0
```
⑦
```
       6
62)372
   372
     0
```
⑧
```
       8
54)440
   432
     8
```

3
①
```
       70
13)910
   91
    0
```
②
```
       27
34)918
   68
   238
   238
     0
```
③
```
       24
29)724
   58
   144
   116
    28
```

4 わられる数とわる数に同じ数をかけてからわり算をしても、わられる数とわる数を同じ数でわってからわり算をしても、商は変わりません。
① $300 \div 25 = 12$　②$140 \div 35 = 4$
　↓×4　↓×4　　　　↓÷7　↓÷7
$1200 \div 100 = 12$　　$20 \div 5 = 4$
③$720 \div 18 = 40$
　↓÷9　↓÷9
$80 \div 2 = 40$

5 ①商が十の位にたつのは、37でわることができる数のときだから、わられる数は378、388、398です。
②商が十の位にたつのは、52をわることができる数のときだから、わる数は、16、26、36、46です。

6 まず、たまごが全部でいくつあるかを計算して、それから24でわります。

7 ひつじを全部運ぶには、あまりの8頭も1回分として運ばなければなりません。
わり算の商がそのまま答えとはならないときがあるので、問題文をよく読んで、何を聞いているかをつねに考えましょう。

8 倍の見方

ぴったり1 じゅんび　56ページ

1 4
2 8、8
3 40、2、イ

ぴったり2 練習　57ページ

てびき

1 108 cm
2 5L

3 ①イルカ…5倍
　　クジラ…2倍
　②イルカ

1 式　12×9＝108
2 ポリタンクの水の量を□Lとすると、
　□×6＝30
　□を求めるには、わり算を使います。
　式　30÷6＝5
3 ①イルカ…5÷1＝5（倍）
　　クジラ…8÷4＝2（倍）

ぴったり3 たしかめのテスト　58〜59ページ

てびき

1 ①□×5＝250
　②50

2 式　78÷26＝3
　　　　　　　　　答え　3倍

3 式　50×4＝200
　　　　　　　　答え　200 m

4 式　40×9＝360
　　　　　　　　答え　360 kg

5 式 180÷3＝60
　　　　　　　　答え　60円

6 アの植物

7 ①30人
　②90人
　③3倍

1 ①□cmの5倍が250 cmだから、
　　□×5＝250
　②250÷5＝□だから、250÷5＝50

2 □倍と考えると、26×□＝78

3 兄が泳いだきょりを□mとすると、
　50×4＝□

4 おとなのウマの体重を□kgとすると、
　40×9＝□

5 子どものバスの乗車料金を□円とすると、
　□×3＝180

6 アの植物…50÷10＝5（倍）
　イの植物…60÷20＝3（倍）

7 ①5年1組の人数を□人とすると、
　　□×9＝270
　　式　270÷9＝30
　②5年生の人数を□人とすると、
　　30×3＝□
　　式　30×3＝90
　③式　270÷90＝3

⑨ そろばん

1 (1)一億、一億七百十三万　(2)百、2.47

2 ①7.3　②十　③百　④＋

てびき

1 ①791701636　②62941838421
　③7.27　④7.06　⑤0.08

2 ①521＋153＝674
　②97＋9＝106
　③787－262＝525

1 5玉と1玉のうち、まん中によっておかれている玉の組みあわせをよみます。
　⑤一の位と $\frac{1}{10}$ の位は0で、$\frac{1}{100}$ の位が8の数です。

2 はじめの図といちばん最後の図をくらべて、最後の図の数が大きくなっていればたし算、小さくなっていればひき算を表します。
　①最後の図は、はじめの図よりも百の位が1、十の位が5、一の位が3大きくなっています。
　②はじめの図では十の位の9が、最後の図ではなくなり、百の位に1がふえています。
　一の位は7から6になっているので、9がたされています。
　③最後の図は、はじめの図よりも百の位が2、十の位が6、一の位が2小さくなっています。

もっとジャンプ

てびき

1

名前	はるかさん	ゆうりさん	かんなさん
おかず	からあげ	ハンバーグ	エビフライ
野菜	トマト	レタス	ブロッコリー
くだもの	ぶどう	みかん	いちご

1 ヒントの②、ヒントの④の順に考えると、表の右の列のおかず、野菜、くだものがわかります。
　③から、表の真ん中の列にハンバーグとレタスがあてはまります。表の左の列にからあげがあてはまり、⑥から、はるかさんが答えとわかります。真ん中の列はゆうりさんのことなので、くだものにはみかんがあてはまり、⑤から、残った左の列のくだものには、ぶどうがあてはまります。

2

名前	れんさん	かなさん	みゆさん	りょうさん
しょうらいのゆめ	画家	研究者	飼育員	作家
好きな本	画集	事典	図かん	伝記
好きな教科	図画工作	算数	理科	社会
行きたいしせつ	美術館	科学館	動物園	博物館

2 ヒントの④と表にかいてある科学館から、左から2列めのしょうらいのゆめに研究者、好きな本に事典があてはまります。

⑥、⑤から、左から１列めがうまります。

②、③、⑦から、左から３列めがうまります。

①から、左から２列めがすべてうまり、⑧から、残ったものがあてはまるところがわかります。

⑩ 四角形

ぴったり1 じゅんび 64ページ

1 ⑤、⑤

2 三角定規、

ぴったり2 練習 65ページ　　**てびき**

1 垂直…あとお、いとえ、いとき

平行…えとき

2

3 ⑰115°　⑯115°　⑰65°

4

1 垂直かどうかは、三角定規を使って調べます。

また、同じ直線に垂直な２本の直線は平行です。

2 三角定規の直角を利用してかきましょう。

3 ⑰＝180°－65°＝115°

平行な直線は、ほかの直線と等しい角度で交わるから、⑯＝⑰＝115°　⑰＝65°

4 １組の三角定規を使ってかきましょう。

1 70、平行
2 (1)平行、アイ　(2)2、3
3 平行四辺形（へいこうしへんけい）

てびき

1 ①う、お、か　②あ、え、き

2 ①辺アエ…8cm、辺ウエ…6cm
②角ウ…120°、角エ…60°

3 ①辺イウ…4cm、辺ウエ…4cm
②角ウ…110°、角エ…70°

4
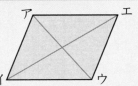

1 平行な辺は、次のとおり（赤線）です。

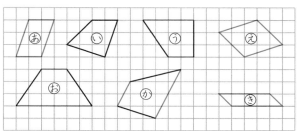

2 ①平行四辺形では、向かいあった辺の長さは等しくなっています。
②平行四辺形では、向かいあった角の大きさは等しくなっています。

3 ①ひし形では、4つの辺の長さがみんな等しくなっています。
②ひし形では、向かいあった角の大きさは等しくなっています。

4 はじめに3cmの辺アイをかきます。
次に、イに分度器（ぶんどき）の中心をあわせ、80°の角をかき、点イから3cmのところを点ウとします。
次に、三角定規を使って、点アを通り辺イウに平行な直線をかきます。
次に、三角定規を使って、点ウを通り辺アイに平行な直線をかきます。
点アを通る直線と点ウを通る直線が交わったところが点エになります。
また、点ウをきめたあと、コンパスを使って、点アから3cm、点ウから3cmのところに印（しるし）をかき、交わった点をエとして、ひし形をかいてもよいです。

1 ウ、エ、

2 正方形、正方形、正方形

1 ⑦、⑨

2 ①オ、カ　②エ、カ　③ウ、エ、オ、カ

3 ①ひし形　②正方形

1 対角線とは、向かいあった頂点を結ぶ直線のことです。

3 ひし形と正方形は、対角線が垂直に交わります。
また、正方形は、対角線の交わった点から4つの頂点までの長さがすべて等しくなります。

---

1 ①あとお、いとえ、いとか、うとお
　②あとう、えとか

2 ①50°　②130°

3 ①ひし形　②台形

4 ①6cm　②50°

1 三角定規を使って、たしかめましょう。

2 ①平行な直線は、ほかの直線と等しい角度で交わります。
　②角カが50°だから、角キは、
　　180°−50°＝130°

3 ①4つの辺の長さがみんな等しいから、ひし形です。
　②向かいあった1組の辺が平行だから、台形です。

4 ①ひし形は4つの辺の長さがみんな等しいから、辺イウの長さも6cmです。
　②右の図のように辺アイをのばして考えると、ひし形の角イは、
　　180°−130°＝50°

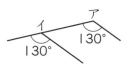

5

	正方形	長方形	ひし形	平行四辺形	台形
①	○	○			
②	○		○		
③	○	○	○	○	

6 ①　②

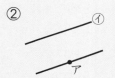

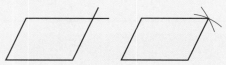

7 （かき方1）　　（かき方2）

8 ①平行四辺形
　②ひし形

7 （かき方1）は三角定規を使ってかくかき方、
（かき方2）はコンパスを使ってかくかき方です。

8 ①2本の対角線がどれもまん中で交わる四角形は、平行四辺形です。
　②2本の対角線がどれもまん中で交わって、しかも垂直に交わる四角形はひし形です。

⑪ 式と計算

1 69、3

2 60、140

3 ①5　②4　③250　④160　⑤410　⑥410

❶ ①25　②112
　③20　④70

❷ ①450　②1000
　③8　　④4

❸ 式　(120−40)×7＝80×7
　　　　　　　　　　＝560

　　　　　　　答え　560円

❹ ①36　②22
　③19　④2
　⑤7　⑥9

❶ (　)のある式では、(　)の中を先に計算します。
　①65−(25+15)＝65−40
　　　　　　　　　＝25
　②82+(59−29)＝82+30
　　　　　　　　　＝112
　③80−(150−90)＝80−60
　　　　　　　　　＝20
　④123−(71−18)＝123−53
　　　　　　　　　＝70

❷ ①10×(42+3)＝10×45
　　　　　　　　　＝450
　②(85−35)×20＝50×20
　　　　　　　　　＝1000
　③(43+29)÷9＝72÷9
　　　　　　　　　＝8
　④92÷(50−27)＝92÷23
　　　　　　　　　＝4

❸ (　)を使って1つの式に表します。

❹ +、−、×、÷のまじった式では、たし算やひき算より、かけ算やわり算を先に計算します。
　①16+4×5＝16+20
　　　　　　　＝36
　②30−24÷3＝30−8
　　　　　　　＝22
　③8×2+9÷3＝16+3
　　　　　　　＝19
　④16−8÷4×7＝16−2×7
　　　　　　　　＝16−14
　　　　　　　　＝2
　⑤(95−15×4)÷5＝(95−60)÷5
　　　　　　　　　　＝35÷5
　　　　　　　　　　＝7
　⑥12×(15−9)÷8＝12×6÷8
　　　　　　　　　　＝72÷8
　　　　　　　　　　＝9

⑤ 式　30×8＋25×10＝240＋250
　　　　　　　　　　　＝490
　　　　　　　　　答え　490円

⑤ ガムの代金とあめの代金をたして、1つの式に表します。

1 4、3
2 (1)3　(2)4
3 白玉、4

❶ ①47、3
　②9、4
　③24
　④25

❷ ①4、100、300
　②2、6、294

❸ ①147　②2100　③700　④594

❹ ⑦…エ
　イ…ウ

❶ 計算のきまりを使います。
　①(□＋○)×△＝□×△＋○×△
　②(□－○)×△＝□×△－○×△
　③(□＋○)＋△＝□＋(○＋△)
　④(□×○)×△＝□×(○×△)

❷ ①かけ算のきまりを使って、考えます。
　②( )を使った計算のきまりを使って、考えます。

❸ ①47＋58＋42＝47＋(58＋42)
　　　　　　　　　＝47＋100
　　　　　　　　　＝147
　②150×7×2＝150×2×7
　　　　　　　　＝300×7
　　　　　　　　＝2100
　③28×25＝(7×4)×25
　　　　　　＝7×(4×25)
　　　　　　＝7×100
　　　　　　＝700
　④99×6＝(100－1)×6
　　　　　　＝100×6－1×6
　　　　　　＝600－6
　　　　　　＝594

❹ ⑦黒玉と白玉を別々に求めて、たての黒玉4この3列分と、白玉4この4列分をあわせていると考えられるので、エの図となります。
　イ(3＋4)は横の黒玉と白玉の数です。(3＋4)の4だん分と考えられるので、ウの図となります。

❶ ①29
　②15
　③8

❶ 計算のきまりを使います。
　①○＋(△＋□)＝(○＋△)＋□
　②○×△＋○×□＝○×(△＋□)
　③(○－△)×□＝○×□－△×□

❷ ①90　②30
　　③213　④59
　　⑤1　　⑥1
❸ ①⟨い⟩
　　②⟨い⟩

❹ ①94　　②900
　　③6200　④408
　　⑤588　　⑥250

❺ ①式　1000−(520+280)=1000−800
　　　　　　　　　　　　　　　=200
　　　　　　　　　　答え　200円
　　②式　(500−185)÷15=315÷15
　　　　　　　　　　　　　　=21
　　　　　　　　　　答え　21まい

❻ 式　24+130÷5=24+26
　　　　　　　　　　=50
　　　　　　　　答え　50まい

❼ (例)式　5×(7+5)=5×12
　　　　　　　　　　=60
　　　　　　　　答え　60こ

❷ ＋、−、×、÷のまじった計算では、たし算や
ひき算よりも、かけ算やわり算を先に計算します。

❸ ①5×3を先に計算します。
　　25+5×3=25+15
　　　　　　=40
　　②8÷4を先に計算します。
　　48−8÷4=48−2
　　　　　　=46

❹ 計算がはやく、やりやすくなるようにくふうします。
　　①7.5+84+2.5=7.5+2.5+84
　　　　　　　　=10+84
　　　　　　　　=94
　　②36×25=9×4×25
　　　　　　=9×100
　　　　　　=900
　　③50×62×2=50×2×62
　　　　　　　=100×62
　　　　　　　=6200
　　④51×8=(50+1)×8
　　　　　=50×8+1×8
　　　　　=400+8
　　　　　=408
　　⑤98×6=(100−2)×6
　　　　　=100×6−2×6
　　　　　=600−12
　　　　　=588
　　⑥61×25−51×25=(61−51)×25
　　　　　　　　　=10×25
　　　　　　　　　=250

❺ ①カレーライスとケーキのねだんをセットにして、
　　（　）の式に表します。
　　②残りの色紙の数を、（　）の式で表します。

❻ 青い色紙が1人分で何まいになるかはわり算の式
になります。

❼ 横には青い玉が7こと白い玉が5こだから、横に
（7+5）こならんでいると考えます。
玉の数を1つの式に表して求めていれば、式がち
がっていても正かいです。

12 面積

ぴったり1 じゅんび **78**ページ

1 ①25 ②25 ③24 ④24

2 ①2 ②2

ぴったり2 練習 **79**ページ　　　　　　　　　　　　　　　**てびき**

1 ①面積　②平方センチメートル、cm²

2 ①⑦…20こ　①…18こ

　　②⑦…20 cm²　①…18 cm²

3 ①1 cm²　②2 cm²

　　③2 cm²　④2 cm²

　　⑤1 cm²

2 ②1辺が1 cm の正方形の面積は1 cm² です。

　　⑦は正方形が20こだから20 cm²、

　　①は正方形が18こだから18 cm² です。

3 ①1 cm² の2つ分の半分と考えて1 cm² です。

　　③1 cm² の4つ分の半分と考えます。

　　④1 cm² の4つ分の半分と考えます。

　　⑤1 cm² の2つ分の半分と考えます。

ぴったり1 じゅんび **80**ページ

1 (1)8、32、32

　　(2)9、81、81

2 ①8　②40　③わり　④5　⑤5

ぴったり2 練習 **81**ページ　　　　　　　　　　　　　　　**てびき**

1 ①54 cm²　②64 cm²

2 ①6 cm

　　②8 cm

3

たての長さ (cm)	横の長さ (cm)	面積 (cm²)
1	4	③ 4
2	3	④ 6
3	① 2	⑤ 6
4	② 1	⑥ 4

1 ①長方形の面積＝たて×横

　　6×9＝54

　　②正方形の面積＝1辺×1辺

　　8×8＝64

2 ①横の長さを□ cm とすると、

　　8×□＝48 より、□＝48÷8＝6

　　②たての長さを□ cm とすると、

　　□×12＝96 より、□＝96÷12＝8

3 長方形には、たての辺が2本、横の辺が2本ある

　　ので、まわりの長さは、たての長さと横の長さの

　　和の2倍です。

　　だから、たての長さと横の長さの和は、まわりの

　　長さの半分で、5 cm になります。

　　たての長さ1 cm、横の長さ4 cm のときの面積

　　は、1×4＝4（cm²）

　　たての長さ2 cm、横の長さ3 cm のときの面積

　　は、2×3＝6（cm²）

　　たての長さ3 cm、横の長さ2 cm のときの面積

　　は、3×2＝6（cm²）

　　たての長さ4 cm、横の長さ1 cm のときの面積

　　は、4×1＝4（cm²）

1 ①2　②3　③4　④9　⑤6　⑥36　⑦42　⑧42

2 ①4　②4　③2　④2　⑤16　⑥4　⑦12　⑧12　⑨りません

てびき

1 ①式　2×1＝2
　　　　　2×(2＋1＋1)＝2×4＝8
　　　　　2＋8＝10　　　　　　答え　10 cm²
　　②式　7×16－4×3＝112－12
　　　　　　　　　　　　　＝100
　　　　　　　　　　　　答え　100 cm²
　　③式　9×3＝27
　　　　　27×2＋3×3＝63　　答え　63 cm²

1 ①形を2つに分けたり、おぎなったりと、求め方はいろいろありますが、ここでは方法1を使って求めます。

（方法1）　（方法2）　（方法3）

　②大きい長方形から、へこんだ長方形の部分をとった形と考えます。
　　3つの長方形や正方形に分けても求められますが、計算がたいへんです。
　③たて3つに切って求めます。
　　たて9cm、横3cmの長方形が2つ、1辺が3cmの正方形が1つと考えられます。

2 ①　②　③

2 ①と③は、図の形を2つの長方形や正方形に分けて考えていますが、②は大きな長方形から右上のへこんだ部分をひいています。

1 ①3　②7　③21　④21

2 ①3　②8　③24　④24

3 (1)60、3600、36
　　(2)800、160000、16

てびき

1 ①式　8×12＝96　　　　　答え　96 ㎡
　　②式　7×7＝49　　　　　答え　49 ㎡

2 ①式　150×200＝30000
　　　　　　　　　　　答え　30000 cm²
　　②3 ㎡

2 ①面積を求める計算をするときは、単位をそろえます。2m＝200 cmです。
　②10000 cm²＝1 ㎡だから、30000 cm²＝3 ㎡です。

3 式　2×4＝8　　　　　答え　8 km²

4 式　80×150＝12000
　　　12000 ㎡＝120 a　　答え　120 a

4 100 ㎡＝1 aだから、1000 ㎡＝10 a、10000 ㎡＝100 aです。

5 式　300×700＝210000
　　　210000 ㎡＝21 ha　　答え　21 ha

5 10000 ㎡＝1 haだから、100000 ㎡＝10 haです。

6 ①2　②3000000
　　③18　④7.2

6 m²、km²、a、ha で表される面積は、どんな正方形がもとになっているか、覚えておきましょう。
　　1km²　1辺が　1km の正方形の面積。
　　1m²　1辺が　1m の正方形の面積。
　　1a　　1辺が　10m の正方形の面積。
　　1ha　1辺が　100m の正方形の面積。

ぴったり3　たしかめのテスト　86〜87ページ　　　　　**てびき**

1 ①ha　②km²　③m²　④m²

1 土地などの広い面積は km² の単位を使い、教室などのような広さには m² の単位を使います。

2 ①240000　②56000000
　　③640　　　④182
　　⑤8600　　⑥940

2 1m²＝10000 cm²
　　1km²＝1000000 m²
　　1a＝100 m²
　　1ha＝10000 m²

3 ①式　15×15＝225　　　　　答え　225 cm²
　　②式　19×24＝456　　　　　答え　456 m²
　　③式　26×18＝468　　　　　答え　468 km²
　　④式　2000×12000＝24000000
　　　　　24000000 m²＝2400 ha
　　　　　　　　　　　　　　答え　2400 ha
　　⑤式　40×60＝2400
　　　　　2400 m²＝24 a　　　　答え　24 a

3 ①正方形の面積＝1辺×1辺
　　④1ha は1辺が 100 m の正方形の面積に等しいので、たてと横の長さを m にそろえて計算します。1ha＝10000 m²
　　⑤1a＝100 m²

4 ①式　270÷15＝18　　　答え　18 cm
　　②式　672÷21＝32　　　答え　32 m

4 長方形の面積＝たての長さ×横の長さ　より、
　　横の長さ＝長方形の面積÷たての長さ
　　たての長さ＝長方形の面積÷横の長さ

5 式　32×18÷24＝24
　　　　　答え　長さ…24 m、形…正方形

5 まず長方形の面積は、32×18 で求められます。
　　たての長さ＝長方形の面積÷横の長さ　だから、1つの式でかくと、32×18÷24
　　横の長さが 24 m、たての長さも 24 m だから、正方形の形です。

6 ①183 cm²　②240 cm²

6 ①18×6＝108　　　5×6＝30
　　　5×(15－6)＝5×9＝45
　　　108＋30＋45＝183

　　②9×15＝135
　　　7×(15＋8－8)＝7×15
　　　＝105
　　　135＋105＝240

はってん

1 ①5　②4　③2　④10

1 まず、たての長さが5cm、横の長さが4cmの長方形の面積を求めます。直角三角形の面積は、それを半分に分けたうちの1つと同じ面積になります。

Ⓚ③ 分数

ぴったり① **じゅんび**　**88**ページ

1 ①あ　②う　③い　④お　⑤え
　　（①と②、③と④は、それぞれ順不同）

2 (1)①3　②2　(2)7

ぴったり② **練習**　**89**ページ

てびき

1 真分数…い、え、く
　　仮分数…あ、か、き
　　帯分数…う、お

1 真分数は、分子が分母より小さくて、整数部分のない分数です。
　　仮分数は、分子が分母と等しいか、分子が分母より大きい分数です。
　　帯分数は、整数と真分数をあわせた分数です。

2 ①$2\frac{2}{3}$　②$2\frac{3}{4}$　③$2\frac{4}{7}$

2 ①$8÷3=2$あまり2　　$\frac{8}{3}=2\frac{2}{3}$
　　②$11÷4=2$あまり3　　$\frac{11}{4}=2\frac{3}{4}$
　　③$18÷7=2$あまり4　　$\frac{18}{7}=2\frac{4}{7}$

3 ①$\frac{7}{6}$　②$\frac{12}{5}$　③$\frac{29}{8}$

3 ①$6×1+1=7$　　$1\frac{1}{6}=\frac{7}{6}$
　　②$5×2+2=12$　　$2\frac{2}{5}=\frac{12}{5}$
　　③$8×3+5=29$　　$3\frac{5}{8}=\frac{29}{8}$

4 ①<　②>　③=

4 仮分数か帯分数のどちらかにそろえて、大きさをくらべます。例えば、仮分数にそろえて、
　　①$5\frac{1}{7}=\frac{36}{7}$、②$4\frac{3}{5}=\frac{23}{5}$、③$3\frac{2}{6}=\frac{20}{6}$
　　として、大きさをくらべます。

5 ①$\left(1、\frac{9}{5}、2\frac{1}{5}\right)$　②$\left(\frac{7}{4}、2、2\frac{3}{4}\right)$

5 ①$\frac{9}{5}=1\frac{4}{5}$だから、$\frac{9}{5}$は1より大きく、2より小さい数です。$2\frac{1}{5}$は2より大きい数です。

$$\frac{9}{5} \quad 2\frac{1}{5}$$

②$\frac{7}{4}=1\frac{3}{4}$だから、$\frac{7}{4}$は1より大きく、2より小さい数です。$2\frac{3}{4}$は2より大きい数です。

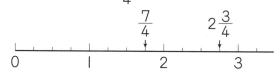

1 $\frac{1}{4}$、$\frac{2}{8}$

2 ①大き ②$\frac{6}{7}$ ③$\frac{2}{7}$ ④$\frac{1}{7}$

ぴったり2 練習 **91**ページ

てびき

1 ①4 ②2 ③3

1 それぞれの色のついたところの大きさは、等しくなっています。
①上の図は2等分した1つ分、下の図は8等分した4つ分の大きさを表しています。
②上の図は4等分した1つ分、下の図は8等分した2つ分の大きさを表しています。
③上の図は4等分した3つ分、下の図は8等分した6つ分の大きさを表しています。

2 ①$\frac{8}{12}$ ②$\frac{6}{8}$、$\frac{9}{12}$

2 数直線上で、たてに同じ位置にある分数は、同じ大きさの分数です。

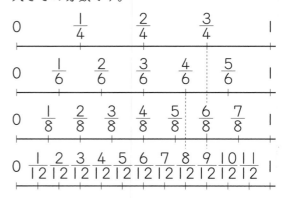

3 $\frac{1}{5}$、$\frac{2}{5}$、$\frac{3}{5}$、$\frac{4}{5}$、$\frac{5}{5}$

3 分母が同じ分数では、分子が大きい数ほど分数は大きくなります。

4 $\frac{7}{2}$、$\frac{7}{3}$、$\frac{7}{4}$、$\frac{7}{7}$、$\frac{7}{8}$、$\frac{7}{11}$

4 分子が同じ分数では、分母が大きい数ほど分数は小さくなります。

---

1 ①3 ②5 ③26 ④3 ⑤5
2 ①7 ②4

ぴったり2 練習 **93**ページ

てびき

1 ①$\frac{5}{4}$$\left(1\frac{1}{4}\right)$ ②$\frac{11}{7}$$\left(1\frac{4}{7}\right)$ ③$\frac{10}{9}$$\left(1\frac{1}{9}\right)$

1 答えが仮分数になったときは、帯分数になおしておくと、大きさがわかりやすくなります。

2 ①$\frac{2}{3}$ ②$\frac{6}{7}$ ③$\frac{4}{6}$

3 ①$3\frac{3}{4}$$\left(\frac{15}{4}\right)$ ②$3\frac{2}{9}$$\left(\frac{29}{9}\right)$ ③$4\frac{4}{5}$$\left(\frac{24}{5}\right)$

3 帯分数のたし算は、帯分数を整数部分と分数部分に分けて計算するか、帯分数を仮分数になおして計算します。

4 ① $2\frac{2}{5}\left(\frac{12}{5}\right)$ ② $2\frac{4}{7}\left(\frac{18}{7}\right)$ ③ $4\frac{3}{8}\left(\frac{35}{8}\right)$

④ $4\frac{3}{9}\left(\frac{39}{9}\right)$ ⑤ 2 ⑥ 4

5 ① $1\frac{2}{7}\left(\frac{9}{7}\right)$ ② $1\frac{2}{8}\left(\frac{10}{8}\right)$ ③ $1\frac{2}{7}\left(\frac{9}{7}\right)$

6 ① $\frac{8}{9}$ ② $\frac{2}{5}$ ③ $2\frac{3}{4}\left(\frac{11}{4}\right)$

④ 2 ⑤ $\frac{1}{3}$ ⑥ $1\frac{5}{8}\left(\frac{13}{8}\right)$

---

4 ① $1\frac{4}{5}+\frac{3}{5}=1\frac{7}{5}=2\frac{2}{5}$

答えが $1\frac{7}{5}$ のように、整数と仮分数になったら、帯分数になおして答えましょう。

② $\frac{6}{7}+1\frac{5}{7}=1\frac{11}{7}=2\frac{4}{7}$

③ $2\frac{5}{8}+1\frac{6}{8}=3\frac{11}{8}=4\frac{3}{8}$

④ $1\frac{7}{9}+2\frac{5}{9}=3\frac{12}{9}=4\frac{3}{9}$

⑤ $1\frac{2}{6}+\frac{4}{6}=1\frac{6}{6}=2$

⑥ $1\frac{2}{5}+2\frac{3}{5}=3\frac{5}{5}=4$

5 帯分数のひき算は、帯分数を整数部分と分数部分に分けて計算するか、帯分数を仮分数になおして計算します。

6 ① $1\frac{1}{9}-\frac{2}{9}=\frac{10}{9}-\frac{2}{9}=\frac{8}{9}$

② $2\frac{1}{5}-1\frac{4}{5}=1\frac{6}{5}-1\frac{4}{5}=\frac{2}{5}$

③ $4\frac{2}{4}-1\frac{3}{4}=3\frac{6}{4}-1\frac{3}{4}=2\frac{3}{4}$

⑤ $1-\frac{2}{3}=\frac{3}{3}-\frac{2}{3}=\frac{1}{3}$

⑥ $3-1\frac{3}{8}=2\frac{8}{8}-1\frac{3}{8}=1\frac{5}{8}$

ぴったり3 たしかめのテスト 94〜95ページ ・・・・・・ **てびき**

1 真分数…あ、い、か

仮分数…う、お

帯分数…え、き、く

2 ① 1 ② 2 ③ 8

3 ① $2\frac{2}{5}$ ② $1\frac{1}{9}$ ③ $\frac{8}{7}$ ④ $\frac{11}{4}$

2

めもりがたてにそろっている分数は、大きさが等しくなっています。

3 ① $12\div5=2$ あまり 2　　$\frac{12}{5}=2\frac{2}{5}$

② $10\div9=1$ あまり 1　　$\frac{10}{9}=1\frac{1}{9}$

③ $7\times1+1=8$　　$1\frac{1}{7}=\frac{8}{7}$

④ $4\times2+3=11$　　$2\frac{3}{4}=\frac{11}{4}$

④ ① $\dfrac{13}{11}$、$\dfrac{10}{11}$、$\dfrac{8}{11}$　② $\dfrac{3}{5}$、$\dfrac{3}{9}$、$\dfrac{3}{10}$

⑤ ① $\dfrac{8}{7}\left(1\dfrac{1}{7}\right)$　② $\dfrac{9}{8}\left(1\dfrac{1}{8}\right)$　③ $\dfrac{7}{5}\left(1\dfrac{2}{5}\right)$

④ $1\dfrac{4}{5}\left(\dfrac{9}{5}\right)$　⑤ $1\dfrac{5}{9}\left(\dfrac{14}{9}\right)$　⑥ $4\dfrac{7}{8}\left(\dfrac{39}{8}\right)$

⑦ $3\dfrac{2}{7}\left(\dfrac{23}{7}\right)$　⑧ $4\dfrac{1}{9}\left(\dfrac{37}{9}\right)$　⑨ 6

⑥ ① $\dfrac{5}{7}$　② $\dfrac{7}{11}$　③ $1\dfrac{2}{8}\left(\dfrac{10}{8}\right)$

④ $2\dfrac{1}{7}\left(\dfrac{15}{7}\right)$　⑤ $1\dfrac{3}{8}\left(\dfrac{11}{8}\right)$　⑥ 3

⑦ $1\dfrac{3}{5}\left(\dfrac{8}{5}\right)$　⑧ $\dfrac{6}{9}$　⑨ $\dfrac{4}{9}$

⑦ 式　$\dfrac{2}{3}+\dfrac{5}{3}=\dfrac{7}{3}$　　$\dfrac{7}{3}-1\dfrac{1}{3}=1$

答え　１L

はってん

1 ①20　②3

④ ①分母が同じ分数では、分子が大きいほど、分数が大きくなります。

②分子が同じ分数では、分母が大きいほど分数が小さくなります。

⑤ 分母が同じ分数のたし算は、分子だけをたします。答えが仮分数（かぶんすう）になったら、帯分数（たいぶんすう）になおしてもかまいません。

⑦ $2\dfrac{5}{7}+\dfrac{4}{7}=2\dfrac{9}{7}=3\dfrac{2}{7}$

⑨ $2\dfrac{1}{6}+3\dfrac{5}{6}=5\dfrac{6}{6}=6$

⑥ 分母が同じ分数のひき算は、分子だけをひきます。分子をひけないときは、仮分数になおして計算します。

⑦ $2\dfrac{1}{5}-\dfrac{3}{5}=1\dfrac{6}{5}-\dfrac{3}{5}=1\dfrac{3}{5}$

⑧ $2\dfrac{1}{9}-1\dfrac{4}{9}=1\dfrac{10}{9}-1\dfrac{4}{9}=\dfrac{6}{9}$

⑨ $1-\dfrac{5}{9}=\dfrac{9}{9}-\dfrac{5}{9}=\dfrac{4}{9}$

⑦ びんにはいっている牛乳（ぎゅうにゅう）は、

$\dfrac{2}{3}+\dfrac{5}{3}=\dfrac{7}{3}$(L)

ここから $1\dfrac{1}{3}$L を使うから、

$\dfrac{7}{3}-1\dfrac{1}{3}=\dfrac{7}{3}-\dfrac{4}{3}=\dfrac{3}{3}=1$(L)

14 変わり方

1 (1)12
(2)①8 ②8 ③4 ④4

2 (1)3
(2)①24 ②3 ③8 ④8

てびき

1 ①

けんたさんの年れい(才)	1	2	3	4	5	6	7
お兄さんの年れい (才)	4	5	6	7	8	9	10

②3 ③15才

2 ①

えんぴつの数(本)	1	2	3	4	5
代金(円)	90	180	270	360	450

②90×□=△ ③720円 ④6本

1 ②表より、お兄さんの年れいは、いつでもけんたさんの年れいより3才上です。
□と△の関係を式に表すと、□＋3＝△となります。
③□＋3＝△の□に12をあてはめると、
12＋3＝15

2 ②ことばの式で表すと、
1本のねだん×えんぴつの数＝代金
90×□＝△
③90×8＝720
④90×□＝540　　□＝540÷90＝6

てびき

1 ①い
②あ
③う

2 ①

たての長さ(cm)	1	2	3	4	5	6
横の長さ(cm)	14	13	12	11	10	9

②□＋△＝15 ③7cm ④11cm

3 ①

横の長さ(cm)	1	2	3	4	5	6
面積(cm²)	4	8	12	16	20	24

②4cm² ③4×□=△ ④8cm

4 ①

あめの数(こ)	0	1	2	3	4	5	6	7	8
ガムの数(こ)	10	9	8	7	6	5	4	3	2
代金(円)	600	580	560	540	520	500	480	460	440

②20円 ③あめ…6こ、ガム…4こ

1 ① 出したお金－代金＝おつり
□－50＝△
② あめのねだん＋クッキーのねだん＝代金
50＋□＝△
③ 1このねだん×買った数＝代金
50×□＝△

2 ①まわりの長さが30cmの長方形のたての長さと横の長さの和は、30÷2＝15(cm)
③□＋△＝15の□に8をあてはめます。
8＋△＝15　　△＝15－8＝7
④□＋△＝15の△に4をあてはめます。
□＋4＝15　　□＝15－4＝11

3 ③ たての長さ×横の長さ＝長方形の面積
4×□＝△
④4×□＝32　　□＝32÷4＝8

4 ①40×あめの数＋60×ガムの数＝代金

15 計算の見積もり

ぴったり1 じゅんび　100ページ

1 (1)16000、1、6　(2)2000、2
2 (1)32000、32000　(2)150、150

ぴったり2 練習　101ページ

てびき

1 約520円

2 およそ10000円

3 およそ50列分

4 ①買えます　②ひけます

---

1 それぞれのねだんを、四捨五入して十の位までのがい数にしてから計算します。
182円→約180円　98円→約100円
236円→約240円
180＋100＋240＝520

2 上から1けたのがい数にして計算します。
115→100　96→100
100×100＝10000
実際に計算すると、115×96＝11040なので、およそ10000円となります。

3 上から1けたのがい数にして計算します。
12→10　545→500　500÷10＝50
実際に計算すると、545÷12＝45あまり5なので、およそ50列分となります。

4 ①1000円で買えるかどうかを知りたいときは、多めに見積もるので、切り上げてがい数にして計算します。
コンパス　425円→500円
ノート　　198円→200円
マーカー　298円→300円
500＋200＋300＝1000
多めに見積もっておよそ1000円なので、買えます。実際に計算すると、
425＋198＋298＝921
となり、1000円で買えます。

②1000円をこえるかどうかを知りたいときは、少なめに見積もるので、切り捨ててがい数にして計算します。
マーカー　　298円→200円
色えんぴつ　512円→500円
定規　　　　385円→300円
200＋500＋300＝1000
少なめに見積もっておよそ1000円なので、くじをひけます。実際に計算すると、
298＋512＋385＝1195
となり、1000円をこえるので、くじをひけます。

1
① 捨五入、900、900
② ず、1000、ます
③ 、700、ます

2 ① 00 ②120000
③ 00 ④40000

3 ①15 ②150
③100 ④800

4 ①およそ800円
②およそ100まい

5 ①約500円
②488円の肉

6 ①コンパス
②消しゴム

---

1 数をがい数にする方法は、四捨五入、切り上げ、切り捨てがあります。
目的にあった見積もりのしかたを選びましょう。

2 上から1けたのがい数にして計算します。
①700×30＝21000
②300×400＝120000
③200×200＝40000
④400×100＝40000
実際に計算した答えは、①21514、②113684、③38745、④45859 です。

3 上から1けたのがい数にして計算します。
①3000÷200＝15
②30000÷200＝150
③40000÷400＝100
④400000÷500＝800
実際に計算した答えは、①12、②135、③120、④698 です。

4 ①画用紙1まいの代金と買うまい数を、それぞれ上から1けたのがい数にします。
画用紙1まい　19→20
買うまい数　　38→40
これらをかけると、20×40＝800
②2000÷20＝100

5 ①それぞれの代金を百の位までのがい数にすると、次のようになります。
ミニトマト　　189→200
ジャム　　　　298→300
これらをたすと、200＋300＝500
②約1000円にするには、約500円の肉を買えばよいので、488円の肉を選びます。

6 ①ノートとマーカーペンの代金を、切り捨てがい数にして、代金を見積もると、
200＋100＝300 →約300円
代金を800円以上にするには、切り捨てがい数にすると約500円になるものを買えばよいので、あと1つの品物はコンパスです。
②ノートとマーカーペンの代金を、切り上げがい数にして、代金を見積もると、
300＋200＝500 →約500円
代金を600円以下にするには、切り上げがい数にすると約100円になるものを買えばよいので、あと1つの品物は消しゴムです。

16 小数のかけ算とわり算

ぴったり1 **じゅんび** **104**ページ

1 4、32、3.2

2 (1)0.6　(2)42.0　(3)3.75

ぴったり2 **練習** **105**ページ
てびき

1 ①0.6　②4.8　③3.6

1 0.1が何こになるかを考えます。
①2×3=6　　0.1が6こで、　0.2×3=0.6
②6×8=48　0.1が48こで、0.6×8=4.8
③9×4=36　0.1が36こで、0.4×9=3.6

2 ①18.6　②34.2　③129.5

2 かけられる数にそろえて積の小数点をうちます。

```
①   6.2      ②   3.8      ③   18.5
  ×   3        ×   9        ×    7
  ──────       ──────       ──────
   18.6         34.2        129.5
```

3 ①127.4　②80.5　③394.2

```
③ ①    9.8     ②   2.3     ③   14.6
    ×  1 3       ×3 5        ×  2 7
    ──────       ─────       ──────
     2 9 4        1 1 5       1 0 2 2
     9 8          6 9          2 9 2
    ──────       ─────       ──────
   1 2 7.4        8 0.5       3 9 4.2
```

4 ①91　②60　③100

```
④ ①   6.5     ②   2.4     ③   12.5
    ×1 4        ×2 5        ×    8
    ─────       ─────       ──────
    2 6 0       1 2 0       1 0 0.0
    6 5          4 8
    ─────       ─────
    9 1.0        6 0.0
```

5 ①9.38　②7.3　③30
　④56.58　⑤67.58　⑥88.9

```
⑤ ①   1.34    ②   1.46    ③   3.75
    ×    7       ×    5       ×    8
    ──────       ──────       ──────
     9.38         7.3 0       30.0 0

   ④   2.46    ⑤   1.09    ⑤   6.35
    ×  2 3       ×  6 2       ×  1 4
    ──────       ──────       ──────
     7 3 8       2 1 8        2 5 4 0
     4 9 2       6 5 4         6 3 5
    ──────       ──────       ──────
    5 6.58       6 7.58       8 8.9 0
```

ぴったり1 **じゅんび** **106**ページ

1 36、9、0.9

2 (1)9.1　(2)0.8　(3)1.23

❶ ①0.3　②0.9　③0.2

❷ ①2.3　②2.5　③3.3

❸ ①1.3　②3.6　③3.7

❹ ①0.9　②0.6　③0.6

❺ ①3.47　②0.06　③0.08

❶ 0.1が何こになるかを考えます。
　①24÷8=3　　0.1が3こで、2.4÷8=0.3

❷ わられる数にそろえて、商の小数点をうちます。

```
①      2.3      ②      2.5      ③      3.3
  2) 4.6          3) 7.5          7) 23.1
     4               6              21
     6              15              21
     6              15              21
     0               0               0
```

❸
```
①       1.3     ②       3.6     ③       3.7
  16) 20.8        12) 43.2        25) 92.5
      16              36              75
      48              72             175
      48              72             175
       0               0               0
```

❹
```
①      0.9      ②      0.6      ③      0.6
  3) 2.7          8) 4.8          14) 8.4
     27             48               84
      0              0                0
```

❺
```
①      3.47     ②      0.06     ③      0.08
  2) 6.94         4) 0.24         27) 2.16
     6              24              216
     9               0                0
     8
    14
    14
     0
```

1 2.3、3、2.3

2 1.2

❶ ①3あまり2.2
　　答えのたしかめ…7×3+2.2=23.2
　②2あまり10.6
　　答えのたしかめ…12×2+10.6=34.6
　③2あまり0.7
　　答えのたしかめ…25×2+0.7=50.7

❶ あまりの小数点は、わられる数の小数点にそろえてうちます。
答えのたしかめは、次の式で計算します。

わる数×商＋あまり＝わられる数

```
①      3        ②       2
  7) 23.2         12) 34.6
     21               24
      2.2             10.6
```
```
③      2
  25) 50.7
      50
       0.7
```

② ①1.85 ②0.28 ③0.192

② ①

```
      1.8 5
  4 ) 7.4 0    ←7.4 を
      4           7.40 と
      ─           考える。
      3 4
      3 2
      ───
        2 0
        2 0
        ───
          0
```

②

```
      0.2 8
  5 ) 1.4 0    ←1.4 を
      1 0         1.40 と
      ───         考える。
        4 0
        4 0
        ───
          0
```

③

```
       0.1 9 2
  2 5 ) 4.8 0 0    ←4.8 を
        2 5            4.800 と
        ───            考える。
        2 3 0
        2 2 5
        ─────
            5 0
            5 0
            ─────
              0
```

③ ①3.25 ②1.5 ③0.25

③ ①

```
       3.2 5
  4 ) 1 3.0 0    ←13 を
      1 2           13.00 と
      ───           考える。
        1 0
          8
        ───
          2 0
          2 0
          ───
            0
```

②

```
        1.5
  1 2 ) 1 8.0    ←18 を
        1 2         18.0 と
        ───         考える。
          6 0
          6 0
          ───
            0
```

③

```
       0.2 5
  8 ) 2.0 0    ←2 を
      1 6         2.00 と
      ───         考える。
        4 0
        4 0
        ───
          0
```

④ ①2.2 ②2.9 ③1.5

④ ①

```
           2
        2.1 6
  6 ) 1 3.0 0
      1 2
      ───
        1 0
          6
        ───
          4 0
          3 6
          ───
            4
```

②

```
             9
        2.8 5
  7 ) 2 0.0 0
      1 4
      ───
        6 0
        5 6
        ───
          4 0
          3 5
          ───
            5
```

③

```
         1.5 2
  1 7 ) 2 6.0 0
        1 7
        ───
          9 0
          8 5
          ───
            5 0
            3 4
            ───
            1 6
```

ぴったり1 じゅんび 110 ページ

1 (1)5、1.6
　(2)4、5、0.8
　(3)5、1.25、1.25

ぴったり2 練習 111 ページ　　　　てびき

1 ①式 3÷2=1.5　　　答え 1.5倍
　②式 5÷2=2.5　　　答え 2.5倍
　③式 2÷5=0.4　　　答え 0.4倍
　④式 3÷4=0.75　　答え 0.75倍

2 ①式 8÷20=0.4　　答え 0.4倍
　②式 20÷8=2.5　　答え 2.5倍

1 何倍かを求めるには、次の式で計算します。
何倍かを求めたい長さ÷もとにする長さ
①②もとにする長さは2mです。
③もとにする長さは5mです。
④もとにする長さは4mです。

2 ①学校の高さをビルの高さでわります。
②ビルの高さを学校の高さでわります。

ぴったり3 たしかめのテスト 112〜113 ページ　　　てびき

1 ①10　②10
2 ①22.8　②117.6　③93
　④8.2　⑤47.7　⑥90.48

3 ①1.2　②1.8　③1.21
　④0.63　⑤0.07　⑥0.08

4 ①2.3 あまり 0.3　②2.6 あまり 0.1

2 かけられる数の小数点にそろえて、積の小数点をうちます。

③ 6.2 ×15 310 62 93.0　④ 2.05 ×4 8.20　⑤ 2.65 ×18 2120 265 47.70

3 わられる数の小数点にそろえて、商の小数点をうちます。

① 1.2 7)8.4 7 14 14 0　② 1.8 12)21.6 12 96 96 0　③ 1.21 5)6.05 5 10 10 5 5 0

④ 0.63 7)4.41 42 21 21 0　⑤ 0.07 42)2.94 294 0　⑥ 0.08 12)0.96 96 0

4 あまりの小数点は、わられる数の小数点にそろえてうちます。

① 2.3 4)9.5 8 15 12 0.3　② 2.6 6)15.7 12 37 36 0.1

43

⑤ ①1.35 ②2.25

⑥ ①1.67 ②7.43

⑦ 式　73.5÷8＝9 あまり 1.5
　　　　答え　9本できて、1.5 cm あまる。

⑧ 式　67.2÷32＝2.1　　　　答え　2.1 倍

⑤ ①
```
        1.3 5
  4 )  5.4 0    ←5.4 を
      4            5.40 と
      ───          考える。
      1 4
      1 2
      ───
        2 0
        2 0
        ───
          0
```
②
```
        2.2 5
  8 )  1 8.0 0   ←18 を
      1 6           18.00 と
      ───          考える。
        2 0
        1 6
        ───
          4 0
          4 0
          ───
            0
```

⑥ ①
```
              7
          1.6 6 6
  9 )  1 5.0 0 0
      9
      ───
        6 0
        5 4
        ───
          6 0
          5 4
          ───
            6 0
            5 4
            ───
              6
```
②
```
            3
        7.4 2 8
  7 )  5 2.0 0 0
      4 9
      ───
        3 0
        2 8
        ───
          2 0
          1 4
          ───
            6 0
            5 6
            ───
              4
```

⑦ 短いひもの本数を求めるので、商は整数で求めます。

⑧ もとにする重さはひできさんの体重なので、お父さんの体重 67.2 kg をひできさんの体重 32 kg でわります。

⑰ 直方体と立方体

1 ません

2

	直方体	立方体
頂点の数	8	8
辺の数	12	12
面の数	6	6

1 ①⑦、⑦、⑦
　②直方体…⑦　立方体…⑦

2 ①2cm の辺が8本、5cm の辺が4本
　②（1辺が2cm の）正方形が2つ
　　（たて5cm、横2cm の）長方形が4つ

3 ①6cm の辺が 12 本
　②（1辺が6cm の）正方形が6つ

2 正方形と長方形でつくられている場合、同じ形の長方形が4つあります。

1 平行

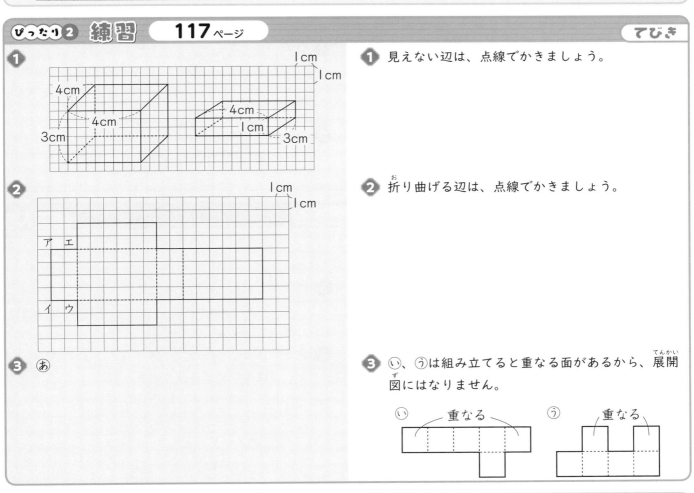

2 大きさ

1

2

3 あ

❶ 見えない辺は、点線でかきましょう。

❷ 折り曲げる辺は、点線でかきましょう。

❸ い、うは組み立てると重なる面があるから、展開図にはなりません。

い　重なる　　　　　　　う　重なる

1 (1)垂直　(2)平行

2 (1)イキ　(2)カキ

3 (1)垂直　(2)平行

1 ①面⑦と面⑦、面⑦と面⑤、面⑦と面⑦

②面⑦、面⑦、面⑦、面⑤

③面⑦、面⑦、面⑦、面⑦

2 ①辺アイ、辺アエ、辺カキ、辺カケ

②辺イキ、辺ウク、辺エケ

③平行

3 ①辺イウ、辺ウク、辺クキ、辺キイ

②辺カキ、辺キク、辺クケ、辺ケカ

③辺アイ、辺カキ、辺クケ、辺エウ

1 ①立方体の向かいあう面は平行です。

②③立方体のとなりあう面は垂直です。

2 ①辺アカと交わる辺です。

②辺アカと向かいあう辺です。

③辺アエと辺キクは向かいあう辺だから、平行になっています。

3 ①面⑤と面⑦は平行なので、面⑦の長方形の辺は面⑤に平行です。

②面⑦と面⑦は平行なので、面⑦の長方形の辺は面⑦に平行です。

③面⑦と交わる辺は、面⑦と垂直です。

---

1 ①300 ②400 ③東 ④北

2 2、2、2

---

1 ①病院…(東100m、北200m)

店…(東500m、北100m)

②ア…コ、イ…ケ

2 ①3cm

②ウ…(横4cm、たて2cm、高さ0cm)

ケ…(横0cm、たて2cm、高さ3cm)

1 ①駅の位置をもとにしたとき、病院は東へ100m、北へ200mの位置にあります。店は東へ500m、北へ100mの位置にあります。

2 頂点ウは、高さはないので、高さ0cm。

頂点ケは、横の長さはないので、横は0cm。

---

1 ①頂点 ②辺 ③面

2 ①長方形 ②8 ③12

3 ①5cm

②エ(横20cm、たて10cm、高さ15cm)

オ(横10cm、たて0cm、高さ0cm)

4

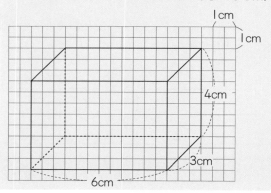

3 ②1辺が5cmの立方体のブロックを使っているので、何cm動くとよいかを、ブロックの辺を使って求めます。

4 向かいあう辺が平行で、同じ長さになるようにかき、見えない辺は点線でかきます。

⑤ あ、う、え

⑥ ①点ス、点ケ　②辺ケク　③面②
④辺ウイ、辺ウエ、辺ウセ、
辺カキ、辺カオ、辺カサ
⑤辺カキ、辺カオ、辺サシ、
辺サコ、辺セス、辺セア

⑤ ①は組み立てると重なる面があるから、展開図に
なりません。

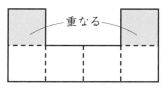

⑥ 組み立てると、下の図のようになります。

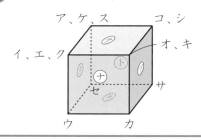

 # レッツ プログラミング

 1 ①エ
②イ
③カ
④ウ
⑤オ
⑥ア

1 くり返しと分岐を使って、遊びの手順を整理します。

くり返しのフローチャートでは、くり返しを行う
部分を ⬡ と ⬡ の記号ではさんで表
します。

分岐は、◇ の記号を使って表します。
遊びのルールをよく読んで、くり返し行うことと、
「はい・いいえ」や「グー・チョキ・パー」などのじょ
うけんによって分岐があることを分けて考えると
よいでしょう。

2 ①千　　②5　　③9　　④千

2 5けたの数を四捨五入して、一万の位までのがい
数にするアルゴリズムを考えます。具体的な数を
考えるとよいでしょう。

$$14923 \quad 15342 \quad 96821$$
$$\downarrow \qquad \downarrow \qquad \downarrow$$
$$10000 \quad 20000 \quad 100000$$

4年のふくしゅう

まとめのテスト 126 ページ

てびき

① ①41090080000000
　②4700000000　③3800000000000

② ①7000　②50000　③70000

③ ①120000　②400000

④ ①13 あまり5　②24 あまり9

⑤ ①238　②22

⑥ ①3.04　②4.82　③27　④1.2

⑦ ①$\frac{13}{9}\left(1\frac{4}{9}\right)$　②$1\frac{1}{5}\left(\frac{6}{5}\right)$
　③$3\frac{1}{7}\left(\frac{22}{7}\right)$　④$1\frac{4}{8}\left(\frac{12}{8}\right)$

---

① ③数を 100 倍すると位が2けたずつ上がります。

② ①百の位を四捨五入します。
　②千の位を四捨五入します。
　③上から2けためを四捨五入します。

③ ①43179 → 40000　79823 → 80000
　40000＋80000＝120000
　②813 → 800　491 → 500
　800×500＝400000

④ ①　　13
　　6)83
　　　6
　　　23
　　　18
　　　　5

　②　　　24
　　16)393
　　　　32
　　　　73
　　　　64
　　　　　9

⑤ ①17×(42−28)＝17×14＝238
　②20＋180÷90＝20＋2＝22

⑥ ①　2.09
　　＋0.95
　　　3.04

　②　5.00
　　−0.18
　　　4.82

　③　　4.5
　　×　　6
　　　27.0

　④　　　1.2
　　8)9.6
　　　8
　　　16
　　　16
　　　　0

⑦ ③$2\frac{3}{7}+\frac{5}{7}=2\frac{8}{7}=3\frac{1}{7}$
　④$2\frac{1}{8}-\frac{5}{8}=1\frac{9}{8}-\frac{5}{8}=1\frac{4}{8}$

まとめのテスト 127 ページ

てびき

① ①40°　②260°

② ①80°　②135°

---

① ②⑰の角度をはかると
　80° です。180° より
　80° 大きいから、
　180°＋80°＝260°
　また、⑱の角度をはか
　ると 100° です。
　360° より 100° 小さいから、
　360°−100°＝260°

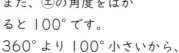

② ①半回転(一直線)の角度は 180° だから、
　㋐＝180°−100°＝80°
　②㋑＝45°＋90°＝135°

48

3 ①45 cm² ②49 cm²

4 152 m²

5 ①ひし形 ②平行四辺形、ひし形

6 ①4本 ②面か

3 ①長方形の面積＝たて×横　　で求められます。
②正方形の面積＝1辺×1辺　で求められます。

4 たて9m、横20mの長方形の面積から、たて4m、横7mの長方形の面積をひきます。
$9×20−4×7＝152$(m²)
（別の求め方）
たて5m、横7mの長方形の面積と、たて9m、横13mの長方形の面積をたします。
$5×7＋9×13＝152$(m²)

まとめのテスト　128ページ

てびき

1 ①1度　②13度
③午後2時、20度
④午前11時と午前12時の間

2

わすれ物調べ　　　（人）

文ぼう具		ハンカチ		合計
		×	○	
	×	9	④ 15	③ 24
	○	① 6	4	② 10
合計		15	⑤ 19	34

3 ①

えんぴつの数(本)	1	2	3	4	5
代金 (円)	40	80	120	160	200

②$40×□＝△$
③8本

1 ④折れ線グラフでは、線のかたむきが急なほど、変わり方が大きいことを表しています。

2 左の表で、
①$15−9＝6$
②$6＋4＝10$
③$34−10＝24$
④$24−9＝15$
⑤$34−15＝19$
のように求めます。
さらに、次のようにそれぞれのらんの数の意味についてもまとめておきましょう。

9	文ぼう具もハンカチもわすれた人の数
15 (④)	文ぼう具はわすれたが、ハンカチはわすれなかった人の数
6 (①)	文ぼう具はわすれなかったが、ハンカチはわすれた人の数
4	文ぼう具もハンカチもわすれなかった人の数

3 ②1本のねだん×えんぴつの数＝代金
$40×□＝△$
③②の式の△に320をあてはめます。
$40×□＝320$
　$□＝320÷40＝8$

1 ①6070000000000
②2000090500000
③35000000000

2 ⑦30° ⑦150°

3 ①7 ②3.47 ③3.72

4 10倍…3650000000000
100倍…36500000000000
$\frac{1}{10}$…36500000000

5 ①50° ②300°

6 ①120000 ②1750以上（いじょう）1850未満（みまん）

7 ①13 ②19あまり2
③133 ④57
⑤47あまり1 ⑥141あまり3

---

2 直線が交わってできる角で、向かいあう角度は等しくなっています。
⑦＝30° ⑦＝180°−30°＝150°

4 数を10倍、100倍すると、位（くらい）が1けた、2けた上がり、0を1こ、2こつけた数になります。
数を$\frac{1}{10}$にすると、位が1けた下がり、0を1ことった数になります。

5 ②⑦の角度をはかると60°です。360°より60°小さいから、
⑦＝360°−60°＝300°

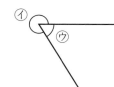

6 ①上から3けためを四捨五入（ししゃごにゅう）します。
②十の位を四捨五入したときに、1800になる数について考えます。十の位が5で切り上げると1800になる数でいちばん小さい数は1750、十の位が4で切り捨てると1800になる数でいちばん大きい数は1849です。

7 ①
```
    13
 6)78
    6
   18
   18
    0
```
②
```
    19
 3)59
    3
   29
   27
    2
```
③
```
   133
 7)931
   7
   23
   21
    21
    21
     0
```
④
```
    57
 8)456
   40
   56
   56
    0
```
⑤
```
    47
 5)236
   20
   36
   35
    1
```
⑥
```
   141
 4)567
   4
   16
   16
    7
    4
    3
```

8 ①午後2時
②3度
③午後4時から午後5時の間

8 ①午後2時が29度で、いちばん気温が高いです。
②午前6時の気温は20度、午前10時の気温は23度です。
23−20＝3
③午後4時の気温は26度、午後5時の気温は22度なので、気温の変化は、
26−22＝4（度）
グラフのかたむきも、午後4時から午後5時がいちばん急です。

9 ①7.7　②11.91　③12.4
④2.06　⑤1.35　⑥8.25

9
③　9.86
　＋2.54
　12.40

④　3.70
　−1.64
　2.06

⑤　6.00
　−4.65
　1.35

10 式　537÷8＝67あまり1
　　　答え　67人に配れて、1まいあまる。

10 商は8まいの束の数を表しています。

```
    67
8)537
  48
  57
  56
   1
```

11 ①式　5−1.4＝3.6
　　　3.6L＝36dL
　　　　　　　　　　　　答え　36dL
②式　36÷2＝18
　　　　　　　　　　　　答え　18dL

11 ①LをdLになおすのをわすれないようにしましょう。
1L＝10dL
②36dLあまっているので、2でわります。

冬のチャレンジテスト

① ㋐平行四辺形　㋔ひし形
② ㋑と㋔
③ ㋑と㋒

2
①18
②15

3
①25
②40
③36

4 ①8　②3　③25　④16 あまり9
⑤8 あまり 18　⑥80 あまり 11

5
①55
②90

6 ①3700　②2744

てびき

1 向かいあった2組の辺が平行な四角形を、平行四辺形といいます。

平行四辺形は、向かいあう辺の長さや角の大きさが等しいです。

4つの辺の長さが等しい四角形を、ひし形といいます。

ひし形は、向かいあった2組の辺が平行で、向い合った2組の角の大きさが等しく、対角線は、垂直に交わります。

正方形は、ひし形の1つです。

3 ①100 m² ＝ 1 a だから、1000 m² は 10 a です。
②100 a ＝ 1 ha だから、1000 a ＝ 10 ha です。
③100 ha ＝ 1 km² だから、1000 ha ＝ 10 km² です。

4
① $16)\overline{128}$ → 8、128、0
② $29)\overline{87}$ → 3、87、0
③ $38)\overline{950}$ → 25、76、190、190、0
④ $19)\overline{313}$ → 16、19、123、114、9
⑤ $37)\overline{314}$ → 8、296、18
⑥ $12)\overline{971}$ → 80、96、11

5 （　）のある式は、（　）の中から先に計算します。

＋、－、×、÷のまじった計算では、たし算やひき算よりも、かけ算やわり算を先に計算します。

6 ①25×4 を先に計算し、100 とします。
37×25×4＝37×(25×4)
＝37×100＝3700
②98 は(100－2)と考えます。
98×28＝(100－2)×28
＝100×28－2×28
＝2800－56
＝2744

7 ①66 cm² ②56 cm²

8 真分数… $\frac{5}{7}$、$\frac{1}{27}$、$\frac{15}{17}$

仮分数… $\frac{4}{3}$、$\frac{21}{13}$、$\frac{3}{3}$、$\frac{10}{1}$

帯分数… $3\frac{1}{2}$、$5\frac{3}{4}$

9 ① $1\frac{5}{7}$ ②4 ③ $\frac{16}{9}$

10 ① $\frac{9}{8}\left(1\frac{1}{8}\right)$ ② $4\frac{1}{3}\left(\frac{13}{3}\right)$ ③2

④ $\frac{6}{8}$ ⑤ $1\frac{6}{11}\left(\frac{17}{11}\right)$ ⑥ $6\frac{4}{9}\left(\frac{58}{9}\right)$

11 式 $1\frac{4}{9}-\frac{5}{9}=\frac{8}{9}$ 答え $\frac{8}{9}$ m

12 式 226÷16=14 あまり2

答え 14こになって、2こあまる。

13 2

---

7 長方形の面積＝たて×横

①大きい長方形の面積から、小さい長方形の面積
をひきます。

$9×8=72$ $3×2=6$ $72-6=66$

②下の図のように、大きい正方形の面積から、小
さい長方形の面積をひきます。

$8×8=64$ $4×2=8$ $64-8=56$

別の求め方でも
かまいません。

8 真分数…分子が分母より小さい分数

仮分数…分子が分母と等しいか、分子が分母より
大きい分数

帯分数…整数と真分数をあわせた分数

9 ①$12÷7=1$ あまり5 $\frac{12}{7}=1\frac{5}{7}$

②$16÷4=4$ $\frac{16}{4}=4$

③$9×1+7=16$ $1\frac{7}{9}=\frac{16}{9}$

10 ① $\frac{2}{8}+\frac{7}{8}=\frac{9}{8}\left(1\frac{1}{8}\right)$

② $2\frac{2}{3}+1\frac{2}{3}=3\frac{4}{3}=4\frac{1}{3}\left(\frac{13}{3}\right)$

③ $1\frac{3}{7}+\frac{4}{7}=1\frac{7}{7}=2$

⑤ $3\frac{4}{11}-1\frac{9}{11}=2\frac{15}{11}-1\frac{9}{11}=1\frac{6}{11}\left(\frac{17}{11}\right)$

⑥ $7-\frac{5}{9}=6\frac{9}{9}-\frac{5}{9}=6\frac{4}{9}\left(\frac{58}{9}\right)$

11 $1\frac{4}{9}-\frac{5}{9}=\frac{13}{9}-\frac{5}{9}=\frac{8}{9}$

13 右の図のように、⑦と
⑦の四角形に分けて考
えます。

⑦と⑦の面積の合計が
40 cm² になります。

⑦の面積は、

$6×6=36$ より、

⑦＋⑦＝40 ⑦＋36＝40

⑦＝40－36 ⑦＝4

⑦の面積は、□×2で表せるので、

□×2＝4 □＝4÷2 □＝2

53

てびき

1 ①頂点 ②面 ③辺 ④直方体 ⑤展開図
⑥見取図

2 ①

正方形の数（こ）	1	2	3	4	5
長方形の面積（cm²）	4	8	12	16	20

②4×□＝△

3 ①⑦…（東2m、北5m）
　　⑦…（東3m、北3m）
②⑦

4 ①27.2 ②230.4 ③30.24 ④135.3

5 ①3.3 ②2.3 ③0.85 ④3.12

---

2 ② 正方形 | この面積×正方形の数＝長方形の面積
だから、4×□＝△

3 平面上にあるものの位置は、2つの長さの組で表すことができます。

4 かけられる数の小数点にそろえて積の小数点をうちます。

①
```
    3.4
×     8
   27.2
```

②
```
    9.6
×   24
   384
  192
 230.4
```

③
```
   0.84
×    36
   504
  252
 30.24
```

④
```
    1.65
×    82
   330
 1320
135.30
```

5 わられる数の小数点にそろえて商の小数点をうちます。

①
```
       3.3
  6)19.8
    18
     18
     18
      0
```

②
```
       2.3
 13)29.9
    26
     39
     39
      0
```

③
```
      0.85
  4)3.40
    32
     20
     20
      0
```

④
```
      3.12
 26)81.12
    78
     31
     26
      52
      52
       0
```

6 ①4.52 あまり 0.06
②1.18 あまり 0.2

7 ①2.14 ②2.08

8 ①0.6 ②15.6

9 式 500＋200＋300＝1000

答え 約1000円

10 式 12÷8＝1.5　　　　答え 1.5倍

11 式 16.8÷7＝2.4　　　　答え 2.4m

12 ㋑

---

6 商やあまりの小数点は、わられる数の小数点にそろえてうちます。

```
①      4.5 2          ②      1.1 8
   1 2 ) 5 4.3 0        6 0 ) 7 1.0 0
         4 8                  6 0
         6 3                1 1 0
         6 0                  6 0
           3 0                5 0 0
           2 4                4 8 0
           0.0 6              0.2 0
```

小数点より右の最後のけたに0があるときは、0として消します。

7 商の $\frac{1}{1000}$ の位を四捨五入します。

```
①      2.1 4 2          ②      2.0 8 3
   7 ) 1 5.0 0 0        1 2 ) 2 5.0 0 0
       1 4                    2 4
         1 0                  1 0 0
          7                     9 6
         3 0                     4 0
         2 8                     3 6
           2 0                     4
           1 4
            6
```

8 ①ある数を□とすると、
　　□×19＝11.4
　　　□＝11.4÷19＝0.6
②0.6×26＝15.6

9 それぞれの代金を百の位までのがい数にして計算します。

10 もとにする高さは図書館の高さなので、ビルの高さ12mを図書館の高さ8mでわります。

12 ㋑は組み立てると、重なる面があります。

1 ①5020000000
②1000000000000

1 0の場所や数をまちがえていないか、右から4けたごとに区切って、たしかめましょう。

2 ①3　②25あまり11　③4.04
④0.64　⑤107.3　⑥0.35
⑦ $\frac{9}{7}$ $\left(1\frac{2}{7}\right)$　⑧ $\frac{11}{5}$ $\left(2\frac{1}{5}\right)$
⑨ $\frac{6}{8}$　⑩ $\frac{3}{4}$

2 ⑧⑩帯分数のたし算・ひき算は仮分数になおして計算するか、整数と真分数に分けて計算します。

⑧ $1\frac{4}{5}+\frac{2}{5}=\frac{9}{5}+\frac{2}{5}=\frac{11}{5}$

または、$1\frac{4}{5}+\frac{2}{5}=1+\frac{6}{5}=1+1\frac{1}{5}=2\frac{1}{5}$

⑩ $1\frac{1}{4}-\frac{2}{4}=\frac{5}{4}-\frac{2}{4}=\frac{3}{4}$

または、$1\frac{1}{4}-\frac{2}{4}=1+\frac{1}{4}-\frac{2}{4}=\frac{1}{4}+\frac{2}{4}=\frac{3}{4}$

3 ①9　②5　③8

3 求められるところから、計算します。
例えば、②16−11=5　③19−11=8
次に、①を計算します。①17−8=9

4 ①式　20×30=600
　　　　　　　　答え　600 ㎡
②式　500×500=250000
　（250000 ㎡＝25 ha）
　　　　　　　　答え　25 ha

4 ②10000 ㎡＝1 ha です。250000 ㎡＝25 ha ははぶいて書いていなくても、答えが 25 ha となっていれば正かいです。

5 ⓐ15°　ⓘ45°　Ⓤ35°

5 ⓐ45°−30°＝15°　ⓘ180°−(35°+100°)＝45°
Ⓤ向かい合った角の大きさは同じです。または、ⓘの角が45°だから、180°−(100°+45°)＝35°

6 ①ⓐ、ⓘ、ⓔ、ⓞ
②ⓐ、ⓘ、ⓔ、ⓞ　③ⓐ、ⓘ

6 それぞれの四角形のせいしつを、整理した上で考えるとよいです。

7 ①ⓔの面
②ⓐの面、Ⓤの面、ⓔの面、ⓚの面

7 実さいに組み立てた図に記号を書きこんで考えるとよいです。

8 ①45　②9　③54

8 ①40+15÷3=40+5=45
②72÷(2×4)=72÷8=9
③9×(8−4÷2)=9×(8−2)=9×6=54

9 ①

だんの数 (だん)	1	2	3	4	5	6	7
まわりの長さ (cm)	4	8	12	16	20	24	28

②○×4＝△
③式　9×4=36　　　答え　36 cm

9 ②③まわりの長さはだんの数の4倍になっていることが、①の表からわかります。

10 ①2000　②200　③2000
④200　⑤400000
⑥(例)けたの数がちがう

10 上から1けたのがい数にして、見積もりの計算をします。
⑥44160と数がまったくちがうことが書けていれば正かいとします。

11 ①ⓘ
②(例)6分間水の量が変わらない部分があるから。

11 あおいさんは、とちゅうで6分間水をとめたので、その間は水そうの水の量は変わりません。
②あおいさんが水をとめている間は、水の量が変わらないので、折れ線グラフの折れ線が横になっている部分があるということが書けていても正かいです。